HUAZHUANGPIN SEPU HE ZHIPU
FENXI SHOUCE

化妆品色谱和质谱分析手册

汪 辉　陈 波　主编

化学工业出版社
·北京·

内容简介

本书对收录于《化妆品安全技术规范》（2015 年版）和《已使用化妆品原料目录（2021 年版）》中的 400 余种化合物的中英文名称、分子式、结构式、分子量、CAS 号、溶解性、主要用途、国家化妆品检测标准方法、可采用的检测器、光谱图、色谱图、质谱图以及可能的质谱裂解途径等信息作了汇总与介绍。

本书可为检验检测机构、大中专院校相关专业师生和科研院所化学分析工作者在化妆品检测领域开发与优化色谱和质谱方法、科研以及实际应用提供参考。

图书在版编目（CIP）数据

化妆品色谱和质谱分析手册/汪辉，陈波主编. —
北京：化学工业出版社，2024.3
ISBN 978-7-122-45126-2

Ⅰ.①化… Ⅱ.①汪…②陈… Ⅲ.①化妆品-色谱-质谱-化学分析-手册 Ⅳ.①TQ658-62

中国国家版本馆 CIP 数据核字（2024）第 042193 号

责任编辑：仇志刚　高　宁　　　　　　　装帧设计：王晓宇
责任校对：宋　夏

出版发行：化学工业出版社（北京市东城区青年湖南街 13 号　邮政编码 100011）
印　　刷：北京云浩印刷有限责任公司
装　　订：三河市振勇印装有限公司
787mm×1092mm　1/16　印张 17　字数 510 千字　　2024 年 7 月北京第 1 版第 1 次印刷

购书咨询：010-64518888　　　　　　　　售后服务：010-64518899
网　　址：http://www.cip.com.cn

凡购买本书，如有缺损质量问题，本社销售中心负责调换。

定　　价：128.00 元

《化妆品色谱和质谱分析手册》
编写人员名单

主　　编　汪　辉　陈　波

副 主 编（按姓氏笔画排序）

　　　　邱志鹏　钟菲菲　常晓途

编写人员（按姓氏笔画排序）

　　　　邓　楠　冉　丹　皮露露　刘　江　刘灿黄

　　　　李　奔　邱志鹏　何海琴　汪　辉　汪霞丽

　　　　张　丽　陈　波　陈先桂　欧阳丽　周　鹏

　　　　胡丽俐　钟菲菲　殷　帅　曹　阳　常晓途

　　　　崔晓娇　谢芳云　雷德卿　黎　瑛　潘小红

序
PREFACE

随着经济社会的快速发展和人们生活水平的不断提高,人们对化妆品的需求日益增加,中国已经成为了全球第二大化妆品消费国,化妆品可能引起的安全问题亦成为近年来社会关注的热点。为了确保消费者安全使用化妆品,国家药品监督管理局高度重视化妆品监管工作,以监督抽检作为重要手段,对化妆品违法行为进行严厉打击,有效保障了用妆安全,助推行业高质量发展。化妆品中的化合物种类繁多,涉及的分析方法也较为复杂,检验人员如果不能准确掌握化合物的相关性质,不能深入了解化合物的相关信息,可能出现错检、误检的情况。

针对上述情况,多年从事化妆品安全技术研究、具有丰富理论和实践经验的本书作者们撰写了一本兼具科学性和实用性的专业书籍以解决这些问题。《化妆品色谱和质谱分析手册》一书收集了 400 余种化妆品相关化合物,包括准用原料、限用原料、禁用原料、已使用原料和其他化合物五大类,涉及了化妆品相关标准和《化妆品安全技术规范》中的色谱与质谱分析项目,对化合物的理化性质、检测方法、光谱图、色谱图、质谱图以及质谱可能的裂解途径信息等作了详细阐述,在无标准品对照的情况下,通过比对化合物光谱和质谱图可以进行定性分析,为新方法开发和实现未知物快速筛查提供数据支持。该书内容翔实、分类清晰、图文并茂,是从事化妆品检验检测工作技术人员的必备工具书。此外,从事化妆品色谱与质谱企业检验和研发人员以及化妆品相关专业的研究生、本科生也可作为参考书使用。该书的出版,是扎实推进《"十四五"国家药品安全及促进高质量发展规划》,积极开展化妆品检验新理论、新技术、新标准的科学研究的需要,为人民群众的用妆安全提供科学技术保障,助力我国化妆品产业高质量发展。

国家食品安全风险评估中心　研究员

2023 年 8 月

前 言
FOREWORD

随着现代科学技术的不断更新，仪器分析得到了迅速的发展，特别是色谱和质谱分析技术因其高效的分离、准确的定性和定量分析以及良好的稳定性，越来越广泛地应用于化妆品质量安全检测中。本书对 400 余种收载于《化妆品安全技术规范》（2015 年版）和《已使用化妆品原料目录（2021 年版）》等化妆品相关化合物的色谱和质谱分析进行了多方面的阐述，旨在为检验检测机构、大中专院校和科研院所分析工作者在化妆品检测领域开发与优化色谱和质谱方法、科研以及实际应用提供参考。

目前，化妆品检测相关化合物的 ESI-MS 质谱库还没有较成熟的方案，且信息有限的商业化谱库价格昂贵，系统提供相关信息的书籍也较少，尤其是同时包含光谱、色谱、质谱以及可能的质谱裂解途径信息的书籍更加少见。本书对化妆品相关的 400 余种化合物的中英文名称、分子式、结构式、分子量、CAS 号、溶解性、主要用途、国家化妆品检测标准方法、可采用的检测器、光谱图、色谱图、质谱图以及可能的质谱裂解途径等信息作了汇总与描述。其中，分子式、结构式、分子量和可能的质谱裂解途径均通过 ACD/ChemSketch 软件绘制、计算和推断得来；光谱图由 Agilent 1260 高效液相色谱-二极管阵列检测器测定获得，二级质谱图由 Agilent 1290 超高效液相色谱串联 6460 三重四极杆质谱（电喷雾离子源）测定获得，并将原始数据导出，通过 OriginPro 软件绘制获得；中英文名称、CAS 号、溶解性、主要用途、目前国家化妆品检测标准方法、可采用的检测器等，通过检索和参考相关标准、文献获得。

本书编写得到了长沙市食品药品检验所〔国家酒类产品质量检验检测中心（湖南）〕、湖南师范大学（化学生物学及中药分析教育部重点实验室、植化单体开发与利用湖南省重点实验室）、湖南省药品检验检测研究院、湖南省产商品质量检验研究院、长沙县综合检测中心的大力支持及多位老师的指导和帮助，也得到了湖南省科技厅科药联合基金项目（2022JJ80037）的资助。同时，我们也很荣幸地邀请到了国家食品安全风险评估中心研究员王竹天和杨大进两位老师为本书作序。在此，谨代表本书编写人员对提供支持和帮助的单位与同仁表示衷心的

感谢和诚挚的敬意。本书准用原料、限用原料、禁用原料部分由汪辉、陈波、常晓途等编写；已使用原料部分由汪辉、邱志鹏、钟菲菲等编写；其他部分由常晓途、钟菲菲等编写。全书由汪辉负责统稿和修改。

由于编者水平有限，加之撰写时间仓促，书中难免会出现疏漏和不妥之处，敬请广大读者加以指正，同时有好的建议和意见，请及时联系我们，以期在今后的工作中不断改正和完善。

编者

2023 年 7 月

编写说明

1.本书提供化合物的中英文对照和 CAS 号，便于读者查询。

2.分子结构信息：结构式、分子式和分子量；其中分子量为 ACD/ChemSketch 软件自动计算出的数据，可能会与实际值有差异。

3.本书提供的化合物用途均参考《化妆品安全技术规范》（2015 年版）和国家药监局关于发布《已使用化妆品原料目录（2021 年版）》的公告（2021 年第 62 号）规定，这两个文件未涉及的化合物归类为其他。

4.本书收集目前国内化妆品常测化合物的标准检测方法，便于读者查询和了解国内相关标准制定情况，可为读者方法开发和标准制定提供可行性思路。

5.检测器信息：二极管阵列检测器（DAD）、荧光检测器（FLD）、电导检测器（ELCD）、氢火焰离子化检测器（FID）、电子捕获检测器（ECD）、质谱检测器（MS）、电喷雾离子源（ESI）、大气压力化学电离源（APCI）、电子轰击离子源（EI）。

6.光谱图信息：波长、吸光度（absorbance，A）；测定基本参考条件：不接色谱柱，直接进样，采用 Agilent1260 高效液相色谱-二极管阵列检测器在 210～400nm 和 210～800nm 对化合物进行扫描，流动相为甲醇，流速为 1.0mL/min。

7.质谱图信息：质荷比（m/z）、强度（intensity，I）；测定基本参考条件：仪器为 Agilent1290 超高效液相色谱串联 6460 三重四极杆质谱；流动相为乙腈-0.01mol/L 乙酸铵（含 0.1%甲酸）（50∶50，体积比）；流速为 0.4mL/min；电喷雾离子源：正和负离子电离模式（ESI^+ 和 ESI^-）；扫描模式：子离子扫描（product ion scan）；毛细管电压：4000V；干燥气（N_2）温度：350℃；干燥气（N_2）流速：11mL/min；雾化器（N_2）压力：$3.4×10^5Pa$；裂解电压均为 105～135V，碰撞能量为 5eV、15eV、25eV 和 35eV；扫描范围基本为 30～［M＋H］、［M＋NH$_4$］、［M＋Na］和［M－H］等，其中 M 代表不包含结晶水和盐的母核结构。

8.未提供光谱图的化合物，是因为其在 210～400nm 和 210～800nm 无吸收或吸收较弱；未提供二级质谱图的化合物，是因为其在电喷雾离子源中难以电离。

9.在每章节最后部分提供了部分化合物的高效液相色谱（HPLC）图、气相色谱（GC）图、总离子流（TIC）图或多反应监测（MRM）图。

10.由于各品牌仪器的实际测定条件有所差异，所测谱图可能会有所差异，但光谱图大致轮廓和质谱图的碎片离子会基本一致；同时基于此，质谱图的母离子和子离子的峰值均保留到整数位。

目录
Contents

准用原料

限用原料

禁用原料

已使用原料

其他

准用原料

1. 4-氨基间甲酚

4-amino-*m*-cresol

CAS 号：2835-99-6。

结构式、分子式、分子量：

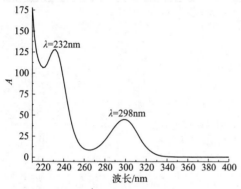

分子式：C$_7$H$_9$NO
分子量：123.15

溶解性：本品可溶于无水乙醇-2g/L 亚硫酸氢钠溶液（1：1，体积比）[1]。

主要用途：化妆品准用染发剂（表 7-26❶）。

检验方法：化妆品安全技术规范 7.2。

检测器：DAD，MS（ESI 源）。

光谱图：

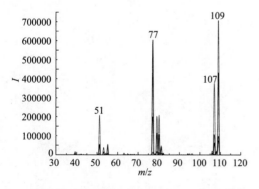

质谱图（ESI⁺）：

可能的裂解途径：*m/z* 124＞109（定量离子对），*m/z* 124＞77。

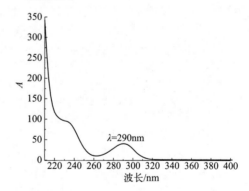

m/z 124   *m/z* 109   *m/z* 77

2. 6-氨基间甲酚

6-amino-*m*-cresol

CAS 号：2835-98-5。

结构式、分子式、分子量：

分子式：C$_7$H$_9$NO
分子量：123.15

溶解性：本品可溶于无水乙醇-2g/L 亚硫酸氢钠溶液（1：1，体积比）[1]。

主要用途：化妆品准用染发剂（表 7-34）。

检验方法：化妆品安全技术规范 7.2，GB/T 35824。

检测器：DAD，MS（ESI 源）。

光谱图：

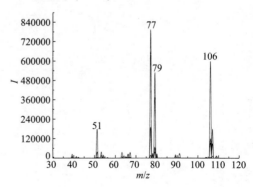

质谱图（ESI⁺）：

---

❶ 表 7-26 即《化妆品安全技术规范》（2015 年版）表 7 中序号为 26 的化合物，下同。

可能的裂解途径：m/z 124＞77（定量离子对），m/z 124＞106。

可能的裂解途径：m/z 158＞140（定量离子对），m/z 158＞77。

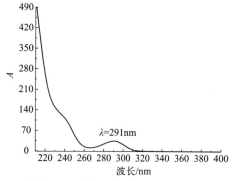

3. 5-氨基-6-氯-邻甲酚

5-amino-6-chloro-o-cresol

CAS 号：84540-50-1。

结构式、分子式、分子量：

分子式：C_7H_8ClNO

分子量：157.60

溶解性：本品可溶于无水乙醇-2g/L 亚硫酸氢钠溶液（1∶1，体积比）[1]。

主要用途：化妆品准用染发剂（表7-33）。

检验方法：化妆品安全技术规范 7.3，GB/T 35824。

检测器：DAD，MS（ESI 源）。

光谱图：

质谱图（ESI⁺）：

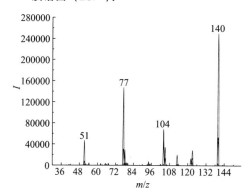

4. 2-氨基-3-羟基吡啶

2-amino-3-hydroxypyridine

CAS 号：16867-03-1。

结构式、分子式、分子量：

分子式：$C_5H_6N_2O$

分子量：110.11

溶解性：易溶于酸、碱、醇、醚等，难溶于水[2]。

主要用途：化妆品准用染发剂（表7-13）。

检验方法：化妆品安全技术规范 7.2。

检测器：DAD，MS（ESI 源）。

光谱图：

质谱图（ESI⁺）：

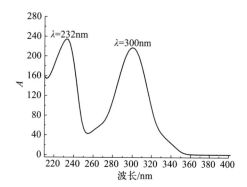

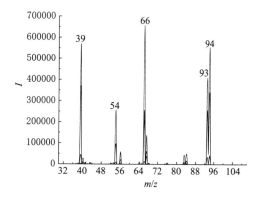

可能的裂解途径：m/z 111＞66（定量离子对），m/z 111＞94。

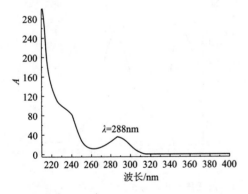

m/z 111 m/z 94 m/z 66

可能的裂解途径：m/z 124＞77（定量离子对），m/z 124＞109。

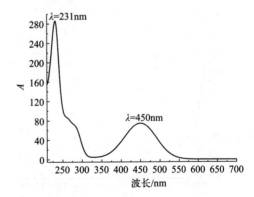

m/z 124 m/z 109 m/z 77

5. 4-氨基-2-羟基甲苯

4-amino-2-hydroxytoluene

CAS 号： 2835-95-2。

结构式、分子式、分子量：

分子式：C_7H_9NO

分子量：123.15

溶解性： 本品易溶于乙醚和乙醇，溶于热水，微溶于冷水[3]。

主要用途： 化妆品准用染发剂（表 7-24）。

检验方法： 化妆品安全技术规范 7.2，GB/T 35824。

检测器： DAD，MS（ESI 源）。

光谱图：

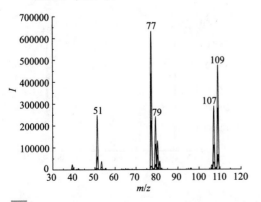

6. 4-氨基-3-硝基苯酚

4-amino-3-nitrophenol

CAS 号： 610-81-1。

结构式、分子式、分子量：

分子式：$C_6H_6N_2O_3$

分子量：154.12

溶解性： 本品可溶于无水乙醇-2g/L 亚硫酸氢钠溶液（1∶1，体积比）[1]。

主要用途： 化妆品准用染发剂（表 7-25）。

检验方法： 化妆品安全技术规范 7.2。

检测器： DAD，MS（ESI 源）。

光谱图：

质谱图（ESI$^+$）：

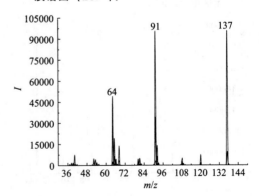

可能的裂解途径：m/z 155＞91（定量离子对），m/z 155＞137。

可能的裂解途径：m/z 362＞250（定量离子对），m/z 362＞232。

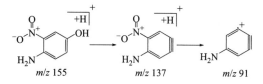

m/z 155 m/z 137 m/z 91

7. 奥克立林

octocrylene

CAS 号：6197-30-4。

结构式、分子式、分子量：

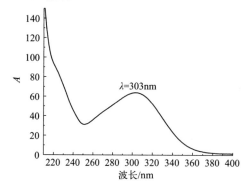

分子式：$C_{24}H_{27}NO_2$

分子量：361.48

溶解性：本品可溶于四氢呋喃[1]。

主要用途：化妆品准用防晒剂（表 5-20）。

检验方法：化妆品安全技术规范 5.1，化妆品安全技术规范 5.8，GB/T 35916，SN/T 4578。

检测器：DAD，MS（ESI 源，EI 源）。

光谱图：

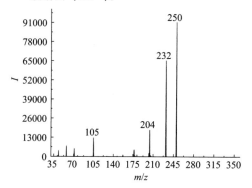

$\lambda=303nm$

质谱图（ESI$^+$）：

（质谱图，主要峰：250，232，204，105）

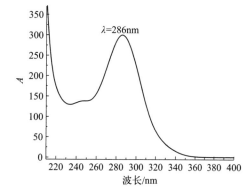

m/z 362 m/z 250

m/z 232

8. N-苯基对苯二胺

N-phenyl-p-phenylenediamine

CAS 号：101-54-2。

结构式、分子式、分子量：

分子式：$C_{12}H_{12}N_2$

分子量：184.24

溶解性：本品溶于无水乙醇、乙醚、丙酮，微溶于水[3]。

主要用途：化妆品准用染发剂（表 7-58）。

检验方法：化妆品安全技术规范 7.2。

检测器：DAD，MS（ESI 源）。

光谱图：

$\lambda=286nm$

质谱图（ESI⁺）：

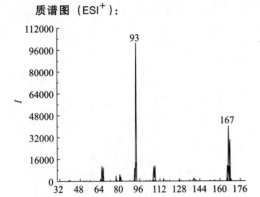

可能的裂解途径：m/z 185＞93（定量离子对），m/z 185＞167。

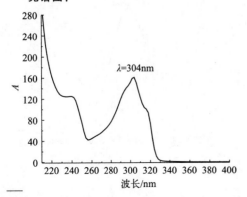

m/z 185

m/z 167

H_2N ⊙·⁺

m/z 93

9. 苯基苯并咪唑磺酸

2-phenylbenzimidazole-5-sulfonic Acid

CAS 号：27503-81-7。

结构式、分子式、分子量：

分子式：$C_{13}H_{10}N_2O_3S$
分子量：274.30

溶解性：本品可溶于四氢呋喃[4]。

主要用途：化妆品准用防晒剂（表5-22）。

检验方法：化妆品安全技术规范5.1，化妆品安全技术规范5.8 GB/T 35916。

检测器：DAD，MS（ESI源）。

光谱图：

$\lambda=304nm$

波长/nm

质谱图（ESI⁻）：

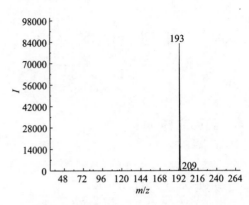

可能的裂解途径：m/z 273＞193（定量离子对），m/z 273＞209。

m/z 273

m/z 209

m/z 193

10. 苯基甲基吡唑啉酮

5-methyl-2-phenyl-1,2-dihydropyrazol-3-one

CAS 号：89-25-8。

结构式、分子式、分子量：

分子式：$C_{10}H_{10}N_2O$
分子量：174.20

溶解性：本品溶于水，微溶于乙醇、苯，不溶于乙醚[5]。

主要用途：化妆品准用染发剂（表7-64）。

检验方法：化妆品安全技术规范7.2。

检测器：DAD，MS（ESI源）。

光谱图：

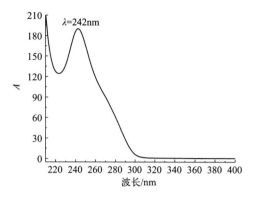

质谱图（ESI⁺）：

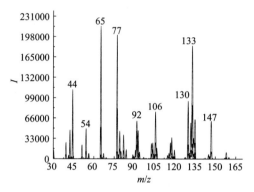

可能的裂解途径：m/z 175＞77（定量离子对），m/z 175＞133。

检测器：DAD，MS（ESI 源，EI 源）。

光谱图：

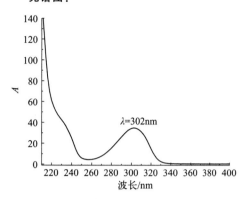

质谱图（ESI⁺）：

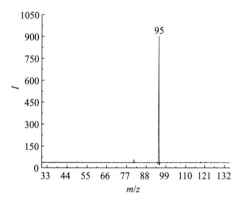

可能的裂解途径：m/z 137＞95（定量离子对）。

11. 苯氧乙醇

2-phenoxyethanol

CAS 号：122-99-6。

结构式、分子式、分子量：

分子式：$C_8H_{10}O_2$
分子量：138.16

溶解性： 本品溶于水和橄榄油，能与乙醇、丙酮、甘油混溶[5]。

主要用途： 化妆品准用防腐剂（表4-37）。

检验方法： 化妆品安全技术规范 4.1，SN/T 3920。

12. 吡罗克酮乙醇胺盐

piroctone olamine

CAS 号：68890-66-4。

结构式、分子式、分子量：

分子式：$C_{16}H_{30}N_2O_3$
分子量：298.42

溶解性： 本品易溶于乙醇，微溶于水[6]。

主要用途： 化妆品准用防腐剂（表4-39）。

检验方法： 化妆品安全技术规范 4.2。

检测器：DAD，MS（ESI 源）。

光谱图：

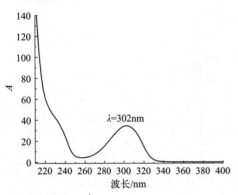

溶解性：1g 本品可溶于少于 1mL 的丙酮、氯仿、乙醇（95％）和水中，溶于 6000mL 醚中[7]。

主要用途：化妆品准用防腐剂（表 4-6）。

检验方法：化妆品安全技术规范 4.3，GB/T 40185。

检测器：DAD，MS（ESI 源）。

光谱图：

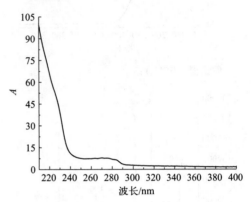

质谱图（ESI+）：

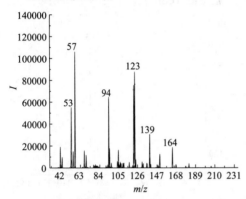

可能的裂解途径：m/z 238＞57（定量离子对），m/z 238＞123。

质谱图（ESI+）：

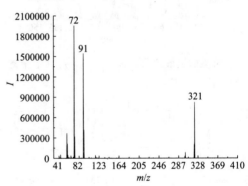

可能的裂解途径：m/z 412＞91（定量离子对），m/z 412＞72。

13. 苄索氯铵

benzethonium chloride

CAS 号：121-54-0。

结构式、分子式、分子量：

分子式：$C_{27}H_{42}ClNO_2$

分子量：448.08

14. 对苯二胺

p-phenylenediamine

CAS 号：106-50-3。

结构式、分子式、分子量：

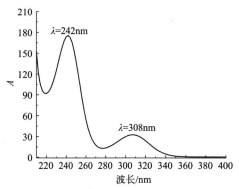

分子式：$C_6H_8N_2$

分子量：108.14

溶解性：本品稍溶于冷水，溶于乙醇、乙醚、氯仿和苯[5]。

主要用途：化妆品准用染发剂（表7-67）。

检验方法：化妆品安全技术规范7.1，化妆品安全技术规范7.2，GB/T 24800.12，GB/T 35824。

检测器：DAD，MS（ESI源）。

光谱图：

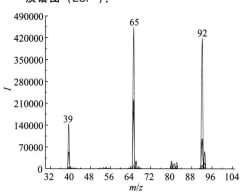

质谱图（ESI⁺）：

可能的裂解途径：m/z 109＞65（定量离子对），m/z 109＞92。

15. 丁基甲氧基二苯甲酰基甲烷

butyl methoxydibenzoylmethane

CAS 号：70356-09-1。

结构式、分子式、分子量：

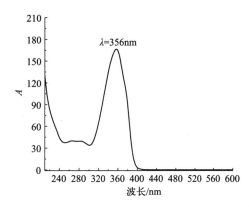

分子式：$C_{20}H_{22}O_3$

分子量：310.39

溶解性：本品可溶于四氢呋喃[4]。

主要用途：化妆品准用防晒剂（表5-7）。

检验方法：化妆品安全技术规范5.1，化妆品安全技术规范5.8，GB/T 35916，SN/T 4578。

检测器：DAD，MS（ESI源，EI源）。

光谱图：

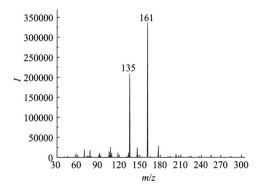

质谱图（ESI⁺）：

可能的裂解途径：m/z 311＞161（定量离子对），m/z 311＞135。

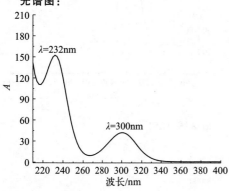

m/z 311

m/z 161

m/z 135

可能的裂解途径：m/z 110＞65（定量离子对），m/z 110＞93。

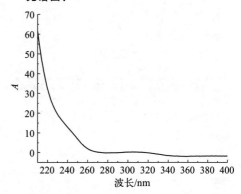

m/z 110

m/z 93

m/z 65

16. 对氨基苯酚

p-aminophenol

CAS 号： 123-30-8。

结构式、分子式、分子量：

分子式： C_6H_7NO

分子量： 109.13

溶解性： 本品稍溶于水和乙醇，几乎不溶于苯和氯仿，溶于碱液后很快变成褐色[5]。

主要用途： 化妆品准用染发剂（表 7-61）。

检验方法： 化妆品安全技术规范 7.1，化妆品安全技术规范 7.2，GB/T 21892，GB/T 35824。

检测器： DAD，MS（ESI 源）。

光谱图：

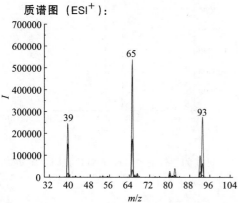

λ=232nm

λ=300nm

质谱图（ESI$^+$）：

17. 对甲基氨基苯酚硫酸盐

4-methylaminophenol sulfate

CAS 号： 55-55-0。

结构式、分子式、分子量：

分子式： $C_7H_{11}NO_5S$

分子量： 221.23

溶解性： 本品溶于 20 份冷水、6 份热水，微溶于乙醇，不溶于乙醚[3]。

主要用途： 化妆品准用染发剂（表 7-63）。

检验方法： 化妆品安全技术规范 7.2。

检测器： DAD，MS（ESI 源）。

光谱图：

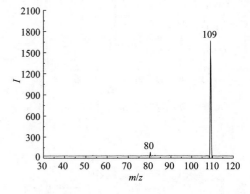

质谱图（ESI$^+$）：

可能的裂解途径：m/z 124＞109（定量离

子对），m/z 124＞80。

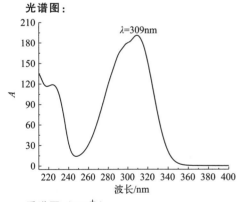

$$m/z\ 124 \xrightarrow{\ \ } m/z\ 109 \xrightarrow{\ \ } m/z\ 80$$

18. 对甲氧基肉桂酸异戊酯

isoamyl 4-methoxycinnamate

CAS 号：71617-10-2。

结构式、分子式、分子量：

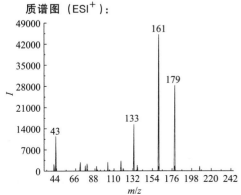

分子式：$C_{15}H_{20}O_3$

分子量：248.32

溶解性：本品可溶于四氢呋喃[3]。

主要用途：化妆品准用防晒剂（表 5-18）。

检验方法：化妆品安全技术规范 5.1，化妆品安全技术规范 5.8，GB/T 35916，SN/T 4578。

检测器：DAD，MS（ESI 源，EI 源）。

光谱图：

A vs 波长/nm，$\lambda=309\text{nm}$

质谱图（ESI⁺）：

I vs m/z，主要峰 43, 133, 161, 179

可能的裂解途径：m/z 249＞161（定量离子对），m/z 249＞179。

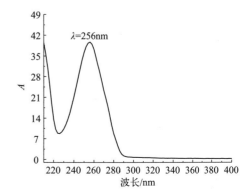

$$m/z\ 249 \xrightarrow{\ \ } m/z\ 179 \xrightarrow{\ \ } m/z\ 161$$

19. 4-羟基苯甲酸丙酯

propylparaben

CAS 号：94-13-3。

结构式、分子式、分子量：

分子式：$C_{10}H_{12}O_3$

分子量：180.20

溶解性：本品易溶于乙醇和丙二醇，极微溶于水[5]。

主要用途：化妆品准用防腐剂（表 4-35）。

检验方法：化妆品安全技术规范 4.1，GB/T 35948，SN/T 3920。

检测器：DAD，FID，MS（ESI 源，EI 源）。

光谱图：

A vs 波长/nm，$\lambda=256\text{nm}$

质谱图（ESI⁻）：

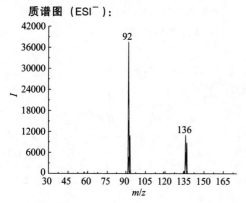

质谱图（ESI⁻）：

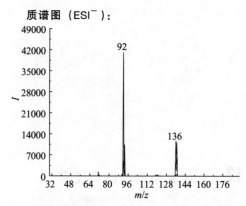

可能的裂解途径：m/z 179＞92（定量离子对），m/z 179＞136。

可能的裂解途径：m/z 193＞92（定量离子对），m/z 193＞136。

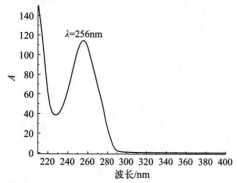

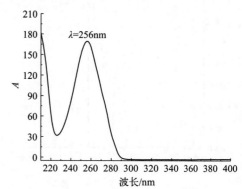

20. 4-羟基苯甲酸丁酯

butylparaben

CAS 号：94-26-8。

结构式、分子式、分子量：

HO——苯甲酸——O——CH₂CH₂CH₂——CH₃

分子式：$C_{11}H_{14}O_3$
分子量：194.23

溶解性：本品溶于醇、醚、氯仿等有机溶剂，微溶于水[5]。

主要用途：化妆品准用防腐剂（表 4-35）。

检验方法：化妆品安全技术规范 4.1，GB/T 35948，SN/T 3920。

检测器：DAD，FID，MS（ESI 源，EI 源）。

光谱图：

21. 4-羟基苯甲酸甲酯

methylparaben

CAS 号：99-76-3。

结构式、分子式、分子量：

HO——苯甲酸——O——CH₃

分子式：$C_8H_8O_3$
分子量：152.12

溶解性：本品微溶于水，易溶于乙醇、乙醚、丙酮等有机试剂[5]。

主要用途：化妆品准用防腐剂（表 4-35）。

检验方法：化妆品安全技术规范 4.1，GB/T 35948，SN/T 3920。

检测器：DAD，FID，MS（ESI 源，EI 源）。

光谱图：

质谱图（ESI⁻）：

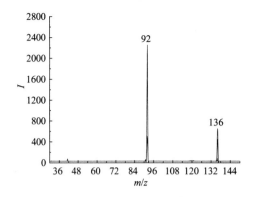

光谱图：

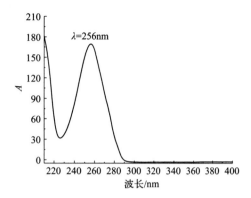

可能的裂解途径：m/z 151＞92（定量离子对），m/z 151＞136。

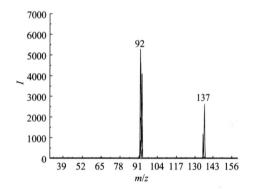

质谱图（ESI⁻）：

可能的裂解途径：m/z 165＞92（定量离子对），m/z 165＞137。

22. 4-羟基苯甲酸乙酯

ethyl 4-hydroxybenzoate

CAS 号：120-47-8。

结构式、分子式、分子量：

分子式：$C_9H_{10}O_3$

分子量：166.17

溶解性：本品微溶于水，易溶于乙醇和丙二醇[5]。

主要用途：化妆品准用防腐剂（表4-35）。

检验方法：化妆品安全技术规范 4.1，GB/T 35948，SN/T 3920。

检测器：DAD，FID，MS（ESI 源，EI 源）。

23. 2,4-二氨基苯氧基乙醇盐酸盐

2,4-diaminophenoxy ethanol HCl

CAS 号：66422-95-5。

结构式、分子式、分子量：

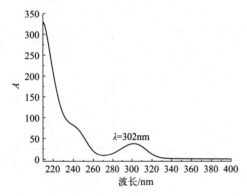

分子式：C$_8$H$_{14}$Cl$_2$N$_2$O$_2$

分子量：241.11

溶解性：本品可溶于 2g/L 亚硫酸氢钠水溶液和无水乙醇（体积比为 1∶1）[1]。

主要用途：化妆品准用染发剂（表 7-6）。

检验方法：化妆品安全技术规范 7.2。

检测器：DAD，MS（ESI 源）。

光谱图：

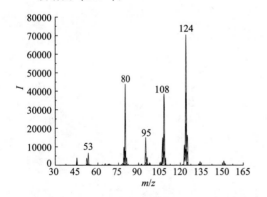

λ=302nm

质谱图（ESI$^+$）：

可能的裂解途径：m/z 169＞124（定量离子对），m/z 169＞108。

24. 2,6-二氨基吡啶

2,6-diaminopyridine

CAS 号：141-86-6。

结构式、分子式、分子量：

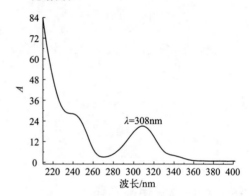

分子式：C$_5$H$_7$N$_3$

分子量：109.13

溶解性：本品可溶于 2g/L 亚硫酸氢钠水溶液和无水乙醇（体积比为 1∶1）[1]。

主要用途：化妆品准用染发剂（表 7-8）。

检验方法：化妆品安全技术规范 7.2。

检测器：DAD，MS（ESI 源）。

光谱图：

λ=308nm

质谱图（ESI$^+$）：

可能的裂解途径：m/z 110＞93（定量离子对），m/z 110＞66。

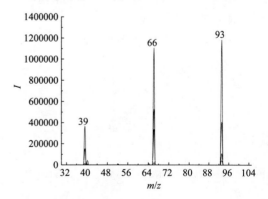

25. 二苯酮-3

benzophenone-3

CAS 号：131-57-7。

结构式、分子式、分子量：

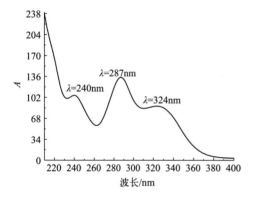

分子式：$C_{14}H_{12}O_3$
分子量：228.24

溶解性：本品油溶[8]，不溶于水[9]。

主要用途：化妆品准用防晒剂（表 5-3）。

检验方法：化妆品安全技术规范 5.1，化妆品安全技术规范 5.8，GB/T 35916，SN/T 4578，SN/T 5151。

检测器：DAD，MS（ESI 源，EI 源）。

光谱图：

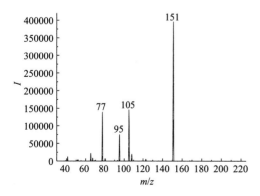

质谱图（ESI^+）：

可能的裂解途径：m/z 229＞151（定量离子对），m/z 229＞105。

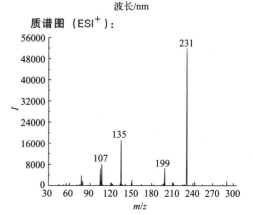

26. 二苯酮-4

benzophenone-4

CAS 号：4065-45-6。

结构式、分子式、分子量：

分子式：$C_{14}H_{12}O_6S$
分子量：308.31

溶解性：本品水溶[8]。

主要用途：化妆品准用防晒剂（表 5-4）。

检验方法：化妆品安全技术规范 5.1，化妆品安全技术规范 5.8，GB/T 35916。

检测器：DAD，MS（ESI 源）。

光谱图：

质谱图（ESI^+）：

可能的裂解途径：m/z 309＞231（定量离子对），m/z 309＞135。

质谱图（ESI⁻）：

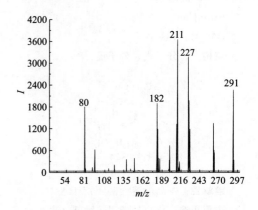

可能的裂解途径：m/z 307＞211（定量离子对），m/z 307＞227。

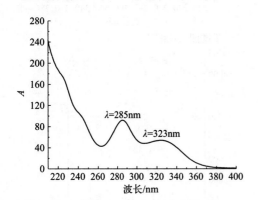

27. 二苯酮-5

benzophenone-5

CAS 号：6628-37-1。

结构式、分子式、分子量：

分子式：$C_{14}H_{11}NaO_6S$

分子量：330.29

溶解性：本品可溶于四氢呋喃[4]。

主要用途：化妆品准用防晒剂（表5-4）。

检验方法：化妆品安全技术规范5.1，化妆品安全技术规范5.8，GB/T 35916。

检测器：DAD。

光谱图：

28. 二乙氨羟苯甲酰基苯甲酸己酯

diethylamino hydroxybenzoyl hexyl benzoate

CAS 号：302776-68-7。

结构式、分子式、分子量：

分子式：$C_{24}H_{31}NO_4$

分子量：397.51

溶解性：本品可溶于四氢呋喃[4]。

主要用途：化妆品准用防晒剂（表5-9）。

检验方法：化妆品安全技术规范5.4，化妆品安全技术规范5.8，GB/T 35916。

检测器：DAD，MS（ESI源）。

光谱图：

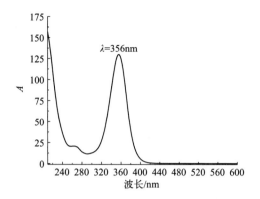

质谱图（ESI+）：

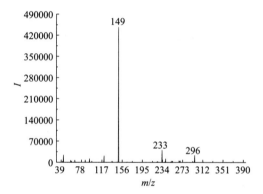

可能的裂解途径：m/z 398＞149（定量离子对），m/z 398＞233。

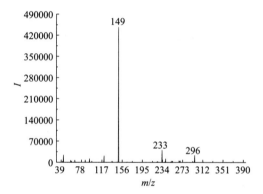

29. 二乙基己基丁酰胺基三嗪酮

diethylhexyl butamido triazone

CAS 号：154702-15-5。

结构式、分子式、分子量：

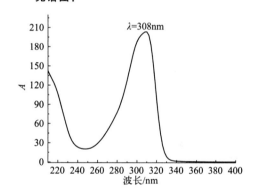

分子式：$C_{44}H_{59}N_7O_5$
分子量：765.98

溶解性：本品可溶于四氢呋喃[4]。
主要用途：化妆品准用防晒剂（表 5-10）。
检验方法：化妆品安全技术规范 5.5，化妆品安全技术规范 5.8。
检测器：DAD，MS（ESI 源）。

光谱图：

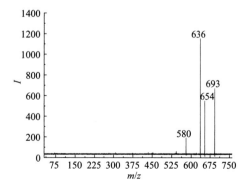

质谱图（ESI+）：

可能的裂解途径：m/z 766＞636（定量离子对），m/z 766＞693。

m/z 636

+H]⁺

m/z 766

m/z 693

30. 胡莫柳酯

homosalate

CAS 号：118-56-9。

结构式、分子式、分子量：

分子式：$C_{16}H_{22}O_3$
分子量：262.34

溶解性：本品可溶于四氢呋喃[4]。

主要用途：化妆品准用防晒剂（表 5-17）。

检验方法：化妆品安全技术规范 5.1，化妆品安全技术规范 5.8，GB/T 35916，SN/T 4578。

检测器：DAD，MS（ESI 源，EI 源）。

光谱图：

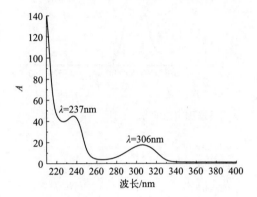

λ=237nm
λ=306nm

波长/nm

质谱图（ESI⁺）：

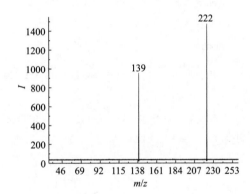

139
222

m/z

可能的裂解途径：*m/z* 263＞222（定量离子对），*m/z* 263＞139。

+H]⁺

m/z 263

m/z 222

+H]⁺

m/z 139

31. 己脒定

hexamidine

CAS 号：3811-75-4。

结构式、分子式、分子量：

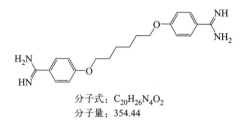

分子式：$C_{20}H_{26}N_4O_2$
分子量：354.44

溶解性：本品易溶于甲醇[10]。

主要用途：化妆品准用防腐剂（表4-26）。

检验方法：化妆品安全技术规范 4.3，GB/T 35800。

检测器：DAD，MS（ESI源）。

光谱图：

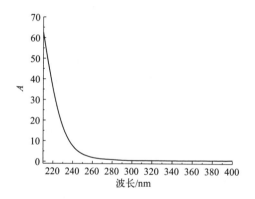

质谱图（ESI⁺）：

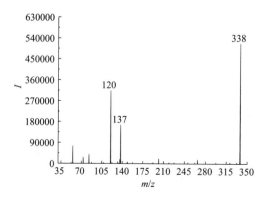

可能的裂解途径：m/z 355＞338（定量离子对），m/z 355＞120。

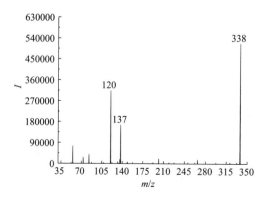

m/z 355

m/z 338

m/z 120

32. 甲苯-2, 5-二胺

toluene-2,5-diamine

CAS 号：95-70-5。

结构式、分子式、分子量：

分子式：$C_7H_{10}N_2$
分子量：122.17

溶解性：本品易溶于水、乙醇、乙醚和热苯[3]。

主要用途：化妆品准用染发剂（表7-73）。

检验方法：化妆品安全技术规范 7.1，化妆品安全技术规范 7.2，GB/T 35824。

检测器：DAD，MS（ESI源）。

光谱图：

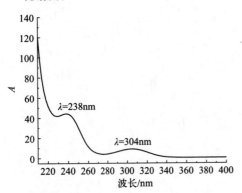

质谱图（ESI$^+$）：

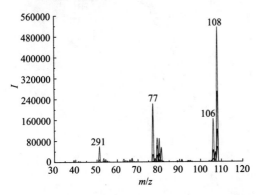

可能的裂解途径：m/z 123＞108（定量离子对），m/z 123＞77。

33. 4-甲基苄亚基樟脑

3-(4'-methylbenzylidene)-dl-camphor

CAS 号：36861-47-9。

结构式、分子式、分子量：

分子式：C$_{18}$H$_{22}$O

分子量：254.37

溶解性：本品可溶于四氢呋喃[4]。

主要用途：化妆品准用防晒剂（表 5-2）。

检验方法：化妆品安全技术规范 5.1，化妆品安全技术规范 5.8。

检测器：DAD，MS（ESI 源）。

光谱图：

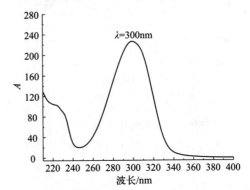

质谱图（ESI$^+$）：

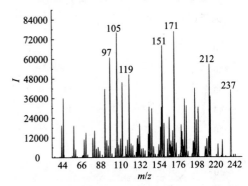

可能的裂解途径：m/z 255＞171（定量离子对），m/z 255＞105。

34. 2-甲基间苯二酚

2-methylresorcinol

CAS 号：608-25-3。

结构式、分子式、分子量：

分子式：C$_7$H$_8$O$_2$

分子量：124.14

溶解性：本品溶于水、乙醇和乙醚，微溶于苯[3]。

主要用途：化妆品准用染发剂（表7-22）。

检验方法：化妆品安全技术规范7.2。

检测器：DAD，MS（ESI 源）。

光谱图：

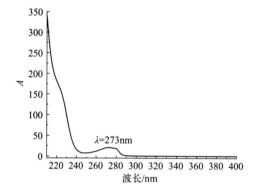

质谱图（ESI⁺）：

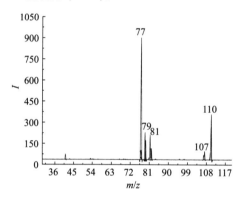

可能的裂解途径：m/z 125＞77（定量离子对），m/z 125＞110。

溶解性：本品易溶于甲醇、丙酮、乙腈和乙酸乙酯等有机溶剂[11]。

主要用途：化妆品准用防腐剂（表4-32）

检验方法：化妆品安全技术规范4.1。

检测器：DAD，MS（ESI 源）。

光谱图：

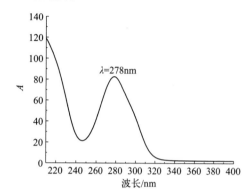

质谱图（ESI⁺）：

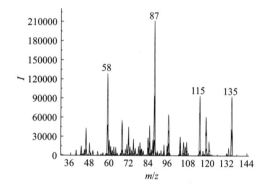

可能的裂解途径：m/z 150＞87（定量离子对），m/z 150＞135。

35. 甲基氯异噻唑啉酮

5-chloro-2-methylisothiazol-3(2H)-one

CAS 号：26172-55-4。

结构式、分子式、分子量：

分子式：C_4H_4ClNOS
分子量：149.60

36. 甲基异噻唑啉酮

2-methylisothiazol-3(2H)-one

CAS 号：2682-20-4。

结构式、分子式、分子量：

分子式：C_4H_5NOS
分子量：115.15

溶解性：本品易溶于甲醇、丙酮、乙腈和乙酸乙酯等有机溶剂[11]。

主要用途：化妆品准用防腐剂（表 4-31）。

检验方法：化妆品安全技术规范 4.1。

检测器：DAD，MS（ESI 源）。

光谱图：

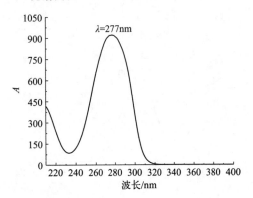

质谱图（ESI⁺）：

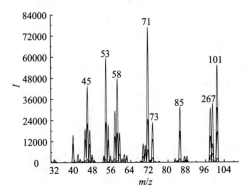

可能的裂解途径：m/z 116＞71（定量离子对），m/z 116＞101。

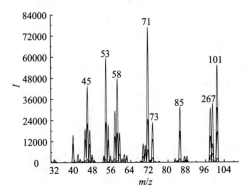

37. 甲氧基肉桂酸乙基己酯

ethylhexyl methoxycinnamate

CAS 号：5466-77-3。

结构式、分子式、分子量：

H₃C—O—⟨⟩—CH=CH—C(=O)—O—CH₂—CH(—CH₂CH₂CH₂CH₃)—CH₂CH₃

分子式：$C_{18}H_{26}O_3$

分子量：290.40

溶解性：本品不溶于水，油溶性好[12]，可溶于四氢呋喃[4]。

主要用途：化妆品准用防晒剂（表 5-14）。

检验方法：化妆品安全技术规范 5.1，化妆品安全技术规范 5.8，GB/T 35916，SN/T 4578。

检测器：DAD，MS（ESI 源，EI 源）。

光谱图：

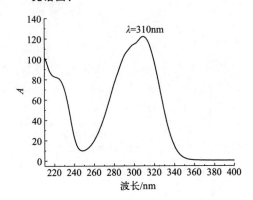

质谱图（ESI⁺）：

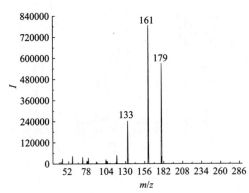

可能的裂解途径：m/z 291＞161（定量离子对），m/z 291＞179。

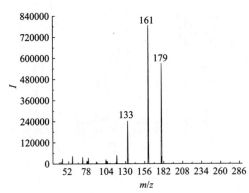

38. 间氨基苯酚

m-aminophenol

CAS 号：591-27-5。

结构式、分子式、分子量：

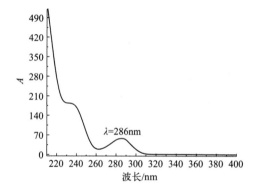

分子式：C$_6$H$_7$NO
分子量：109.13

溶解性：本品易溶于热水、乙醇和乙醚，溶于冷水，难溶于苯和汽油[5]。

主要用途：化妆品准用染发剂（表 7-54）。

检验方法：化妆品安全技术规范 7.1，化妆品安全技术规范 7.2，GB/T 35824。

检测器：DAD，MS（ESI 源）。

光谱图：

质谱图（ESI$^+$）：

可能的裂解途径：*m*/*z* 110＞65（定量离子对），*m*/*z* 110＞93。

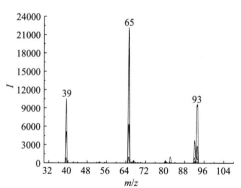

39. 碱性橙 31

basic orange 31

CAS 号：97404-02-9。

结构式、分子式、分子量：

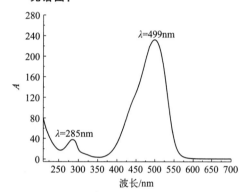

分子式：C$_{11}$H$_{14}$ClN$_5$
分子量：251.72

溶解性：本品可溶于甲醇[1]。

主要用途：化妆品准用染发剂（表 7-38）。

检验方法：化妆品安全技术规范 6.1。

检测器：DAD，MS（ESI 源）。

光谱图：

质谱图（ESI$^+$）：

可能的裂解途径：*m*/*z* 216＞97（定量离子对），*m*/*z* 216＞65。

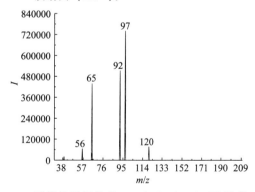

40. 碱性红 51

basic red 51

CAS 号：12270-25-6。

结构式、分子式、分子量：

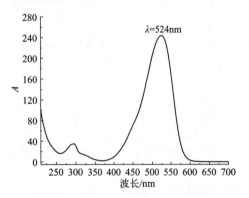

分子式：$C_{13}H_{18}ClN_5$

分子量：279.77

溶解性：本品可溶于甲醇[1]。

主要用途：化妆品准用染发剂（表 7-39）。

检验方法：化妆品安全技术规范 6.1。

检测器：DAD，MS（ESI 源）。

光谱图：

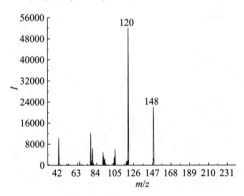

质谱图（ESI+）：

可能的裂解途径：m/z 244＞120（定量离子对），m/z 244＞148。

41. 碱性黄 87

basic yellow 87

CAS 号：116844-55-4。

结构式、分子式、分子量：

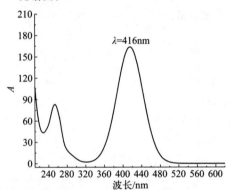

分子式：$C_{14}H_{17}N_3O_4S$

分子量：323.37

溶解性：本品可溶于甲醇[1]。

主要用途：化妆品准用染发剂（表 7-41）。

检验方法：化妆品安全技术规范 6.1。

检测器：DAD，MS（ESI 源）。

光谱图：

质谱图（ESI+）：

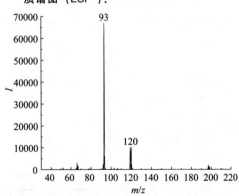

可能的裂解途径：m/z 226＞93（定量离子对），m/z 226＞120。

42. 碱性蓝 26

basic blue 26

CAS 号： 2580-56-5。

结构式、分子式、分子量：

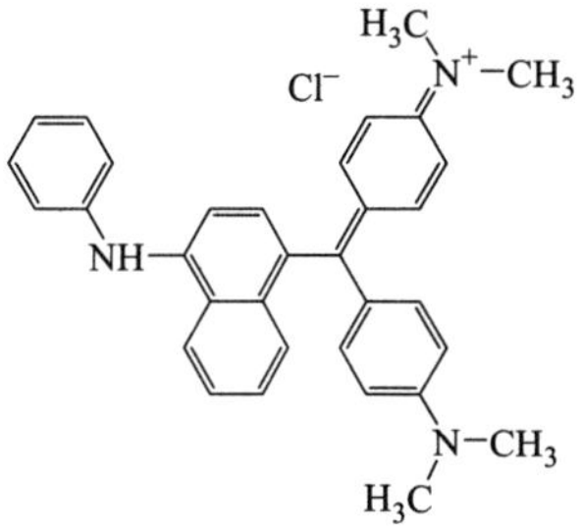

分子式：$C_{33}H_{32}ClN_3$

分子量：506.08

溶解性： 本品溶于热水和乙醇，微溶于冷水[3]。

主要用途： 化妆品准用着色剂（表 6-68）。

检验方法： 化妆品安全技术规范 6.1，化妆品安全技术规范 6.4。

检测器： DAD，MS（ESI 源）。

光谱图：

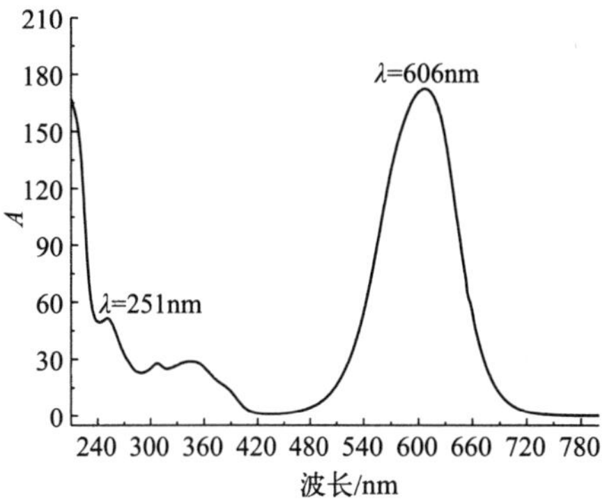

质谱图（ESI^+）：

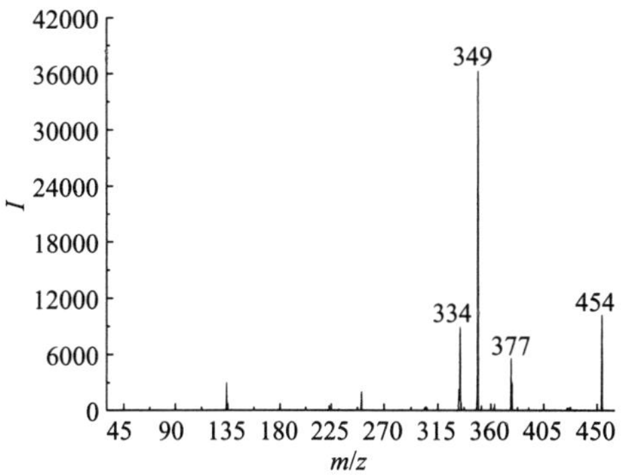

可能的裂解途径：m/z 470＞349（定量离子对），m/z 470＞454。

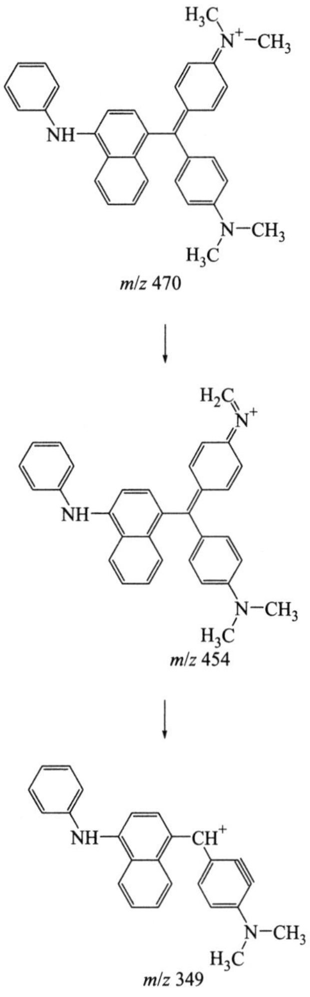

43. 碱性紫 14

basic violet 14

CAS 号： 632-99-5。

结构式、分子式、分子量：

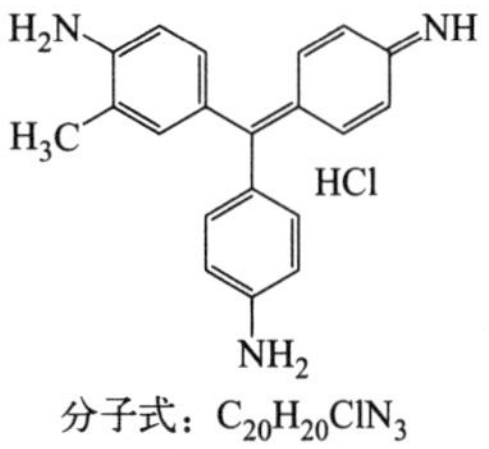

分子式：$C_{20}H_{20}ClN_3$

分子量：337.85

溶解性： 本品可溶于甲醇[1]。

主要用途： 化妆品准用着色剂（表 6-65）。

检验方法： 化妆品安全技术规范 6.1，化妆品安全技术规范 6.4。

检测器： DAD，MS（ESI 源）。

光谱图：

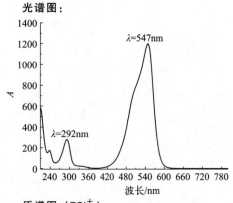

质谱图（ESI$^+$）：

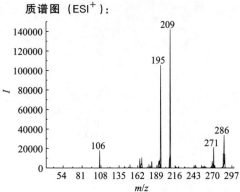

可能的裂解途径：m/z 302＞209（定量离子对），m/z 302＞195。

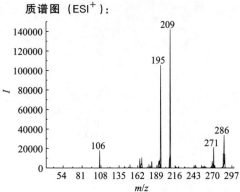

44. 氯苯甘醚

chlorphenesin

CAS 号：104-29-0。

结构式、分子式、分子量：

分子式：$C_9H_{11}ClO_3$
分子量：202.63

溶解性：本品可溶于二甲亚砜[1]。

主要用途：化妆品准用防腐剂（表 4-15）。

检验方法：化妆品安全技术规范 4.1。

检测器：DAD，MS（EI 源）。

光谱图：

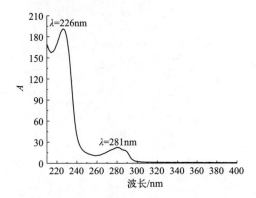

45. 氯己定二醋酸盐

chlorhexidine acetate

CAS 号：56-95-1。

结构式、分子式、分子量：

.2CH$_3$COOH

分子量：$C_{26}H_{38}Cl_2N_{10}O_4$
分子式：625.56

溶解性：本品在乙醇中溶解，在水中微溶[13]。

主要用途：化妆品准用防腐剂（表 4-11）。

检验方法：化妆品安全技术规范 4.3，GB/T 35800，GB/T 38741。

检测器：DAD，MS（ESI 源）。

光谱图：

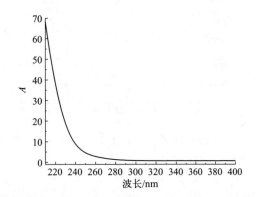

质谱图（ESI⁺）：

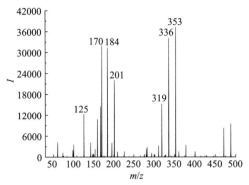

可能的裂解途径：m/z 505＞353（定量离子对），m/z 505＞336。

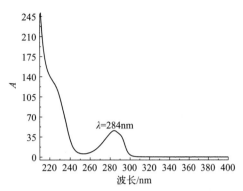

m/z 505

↓

m/z 353

↓

m/z 336

光谱图：

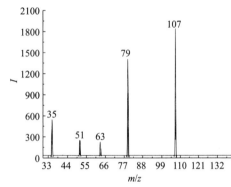

$\lambda=284\text{nm}$

质谱图（ESI⁻）：

可能的裂解途径：m/z 143＞107（定量离子对），m/z 143＞79。

m/z 143

m/z 107

m/z 79

46. 4-氯间苯二酚

4-chlororesorcinol

CAS 号：95-88-5。

结构式、分子式、分子量：

$$\text{分子式：} C_6H_5ClO_2$$
分子量：144.56

溶解性：本品溶于水、乙醇、乙醚、苯和二硫化碳[3]。

主要用途：化妆品准用染发剂（表 7-27）。

检验方法：化妆品安全技术规范 7.2，GB/T 35824。

检测器：DAD，MS（ESI 源）。

47. 氯咪巴唑

climbazole

CAS 号：38083-17-9。

结构式、分子式、分子量：

$$\text{分子式：} C_{15}H_{17}ClN_2O_2$$
分子量：292.76

溶解性：本品易溶于有机试剂[14]。

主要用途：化妆品准用防腐剂（表 4-16）。

检验方法：化妆品安全技术规范 4.2。

检测器：DAD，MS（ESI 源）。

光谱图：

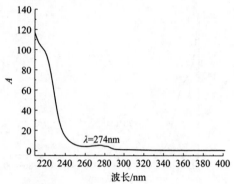

质谱图（ESI⁺）：

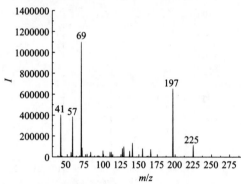

可能的裂解途径：m/z 293＞69（定量离子对），m/z 293＞197。

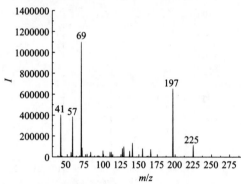

48. 1, 5-萘二酚

1,5-naphthalenediol

CAS 号：83-56-7。

结构式、分子式、分子量：

分子式：$C_{10}H_8O_2$
分子量：160.17

溶解性：本品溶于乙醇、乙醚和氯仿，略溶于热水[3]。

主要用途：化妆品准用染发剂（表 7-3）。

检验方法：化妆品安全技术规范 7.2，GB/T 35824，GB/T 35829。

检测器：DAD，MS（ESI 源）。

光谱图：

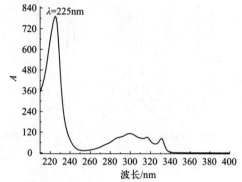

质谱图（ESI⁺）：

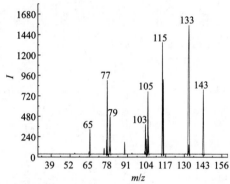

可能的裂解途径：m/z 161＞133（定量离子对），m/z 161＞115。

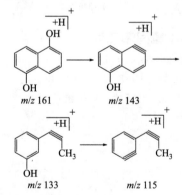

49. 2, 7-萘二酚

2,7-naphthalenediol

CAS 号：582-17-2。

结构式、分子式、分子量：

分子式：$C_{10}H_8O_2$
分子量：160.17

溶解性：本品易溶于乙醇、乙醚、苯和热水，微溶于冷水[3]。

主要用途：化妆品准用染发剂（表7-12）。

检验方法：化妆品安全技术规范 7.2，GB/T 35824，GB/T 35829。

检测器：DAD，MS（ESI 源）。

光谱图：

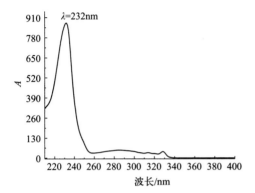

质谱图（ESI⁺）：

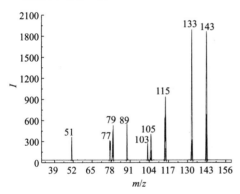

可能的裂解途径：m/z 161＞133（定量离子对），m/z 161＞143。

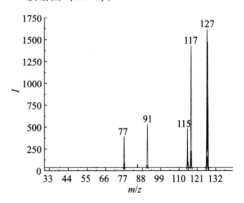

50. 1-萘酚

1-naphthol

CAS 号：90-15-3

结构式、分子式、分子量：

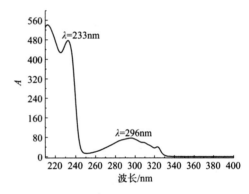

分子式：$C_{10}H_8O$

分子量：144.17

溶解性：本品易溶于醇、醚、苯氯仿和碱溶液[15]。

主要用途：化妆品准用染发剂（表7-5）。

检验方法：化妆品安全技术规范 7.2，GB/T 35824。

检测器：DAD，MS（ESI 源）。

光谱图：

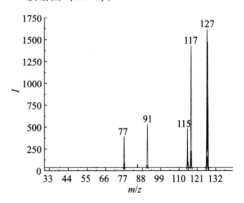

质谱图（ESI⁺）：

可能的裂解途径：m/z 145＞127（定量离子对），m/z 145＞117。

51. 羟苯并吗啉

hydroxybenzomorpholine

CAS 号：26021-57-8。

结构式、分子式、分子量：

分子式：$C_8H_9NO_2$
分子量：151.16

溶解性：本品可溶于无水乙醇-2g/L 亚硫酸氢钠溶液（1∶1，体积比）[1]。

主要用途：化妆品准用染发剂（表 7-49）。

检验方法：化妆品安全技术规范 7.3，GB/T 35824。

检测器：DAD，MS（ESI 源）。

光谱图：

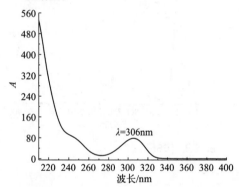

质谱图（ESI⁺）：

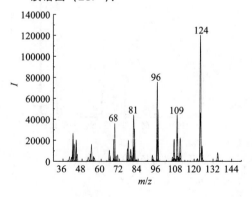

可能的裂解途径：m/z 152＞124（定量离子对），m/z 152＞96。

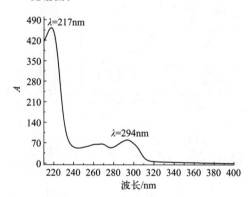

52. 6-羟基吲哚

6-hydroxyindole

CAS 号：2380-86-1。

结构式、分子式、分子量：

分子式：C_8H_7NO
分子量：133.15

溶解性：本品可溶于无水乙醇-2g/L 亚硫酸氢钠溶液（1∶1，体积比）[1]。

主要用途：化妆品准用染发剂（表 7-35）。

检验方法：化妆品安全技术规范 7.2，GB/T 35824。

检测器：DAD，MS（ESI 源）。

光谱图：

质谱图（ESI⁺）：

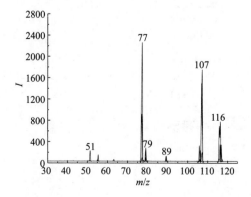

可能的裂解途径：m/z 134＞77（定量离子对），m/z 134＞107。

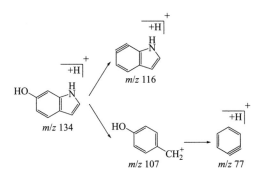

53. 溶剂绿 7

solvent green 7

CAS 号：6358-69-6。

结构式、分子式、分子量：

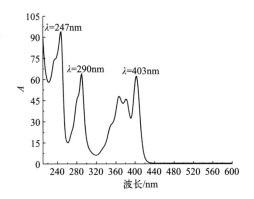

分子式：$C_{16}H_7Na_3O_{10}S_3$

分子量：524.39

溶解性：本品可溶于甲醇[1]。

主要用途：化妆品准用着色剂（表 6-87）。

检验方法：化妆品安全技术规范 6.2，化妆品安全技术规范 6.3。

检测器：DAD，MS（ESI 源）。

光谱图：

（光谱图：$\lambda=247nm$，$\lambda=290nm$，$\lambda=403nm$；横轴 波长/nm，纵轴 A）

质谱图（ESI⁻）：

（质谱图：横轴 m/z，纵轴 I；峰 188，80）

可能的裂解途径：m/z 228＞188（定量离子对），m/z 228＞80。

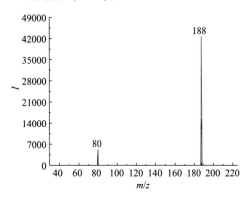

m/z 228 → m/z 188

m/z 80

54. 山梨酸

sorbic acid

CAS 号：110-44-1。

结构式、分子式、分子量：

分子式：$C_6H_8O_2$

分子量：112.13

溶解性：本品微溶于水，能溶于多种有机试剂[5]。

主要用途：化妆品准用防腐剂（表 4-46）。

检验方法：化妆品安全技术规范 4.2，GB/T 40191。

检测器：DAD，FID，MS（ESI源，EI源）。

光谱图：

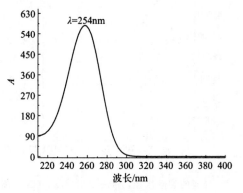

质谱图（ESI⁻）：

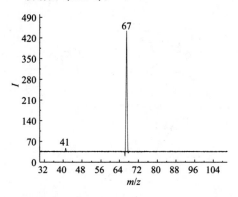

可能的裂解途径：m/z 111＞67（定量离子对），m/z 111＞41。

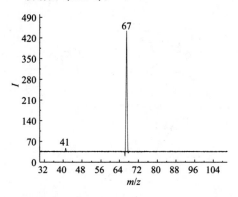

55. 三氯卡班

triclocarban

CAS号：101-20-2。

结构式、分子式、分子量：

分子式：$C_{13}H_9Cl_3N_2O$

分子量：315.58

溶解性：本品可溶于甲醇[1]。

主要用途：化妆品准用防腐剂（表4-48）。

检验方法：化妆品安全技术规范4.2，SN/T 1786。

检测器：DAD，MS（ESI源）。

光谱图：

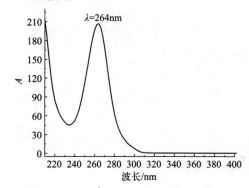

质谱图（ESI⁺）：

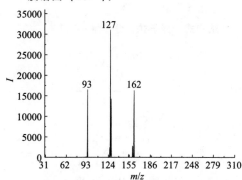

可能的裂解途径：m/z 315＞127（定量离子对），m/z 315＞162。

56. 三氯生

triclosan

CAS号：3380-34-5。

结构式、分子式、分子量：

分子式：$C_{12}H_7Cl_3O_2$

分子量：289.54

溶解性：本品不溶于水，易溶于碱液和有机溶剂[4]。

主要用途：化妆品准用防腐剂（表4-49）。

检验方法：化妆品安全技术规范4.2，SN/T 1786，SN/T 3920。

检测器：DAD，MS（ESI源）。

光谱图：

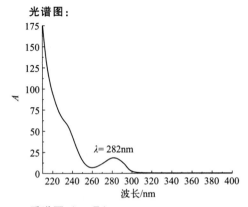

质谱图（ESI⁻）：

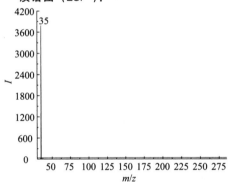

可能的裂解途径：m/z 287＞35（定量离子对）。

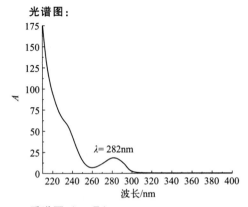

m/z 287   *m/z* 35

57. 食品红1

food red 1

CAS号：4548-53-2。

结构式、分子式、分子量：

分子式：$C_{18}H_{14}N_2Na_2O_7S_2$
分子量：480.42

溶解性：本品可溶于甲醇[1]。

主要用途：化妆品准用着色剂（表6-18）。

检验方法：化妆品安全技术规范6.2，化妆品安全技术规范6.3。

检测器：DAD，MS（ESI源）。

光谱图：

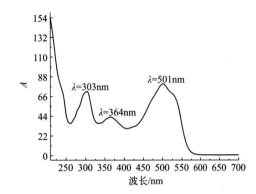

质谱图（ESI⁻）：

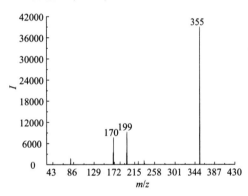

可能的裂解途径：m/z 435＞355（定量离子对），m/z 435＞199。

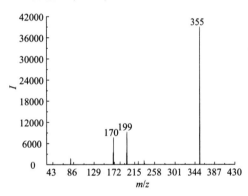

m/z 435

m/z 355

m/z 199

58. 食品红 7

food red 7

CAS 号：2611-82-7。

结构式、分子式、分子量：

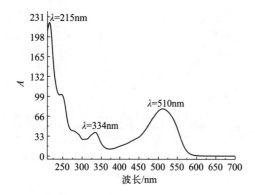

分子式：$C_{20}H_{11}N_2Na_3O_{10}S_3$

分子量：604.47

溶解性：本品易溶于水，溶于甘油，难溶于乙醇，不溶于油脂[16]。

主要用途：化妆品准用着色剂（表 6-35）。

检验方法：化妆品安全技术规范 6.2，化妆品安全技术规范 6.3，GB/T 37545。

检测器：DAD，MS（ESI 源）。

光谱图：

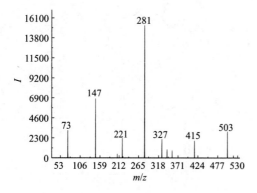

质谱图（ESI⁺）：

可能的裂解途径：m/z 536＞281（定量离子对），m/z 536＞147。

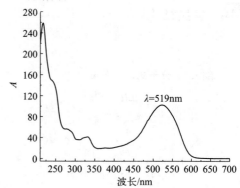

m/z 536

m/z 281 → m/z 147

59. 食品红 9（苋菜红）

amaranth

CAS 号：915-67-3。

结构式、分子式、分子量：

分子式：$C_{20}H_{11}N_2Na_3O_{10}S_3$

分子量：604.47

溶解性：本品易溶于水，可溶于甘油，微溶于乙醇[16]。

主要用途：化妆品准用着色剂（表 6-33）。

检验方法：化妆品安全技术规范 6.2，化妆品安全技术规范 6.3，GB/T 37545，SN/T 2105。

检测器：DAD，MS（ESI 源）。

光谱图：

质谱图（ESI⁻）：

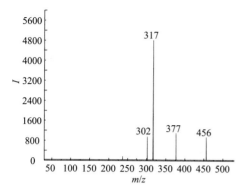

可能的裂解途径：m/z 537＞317（定量离子对），m/z 537＞377。

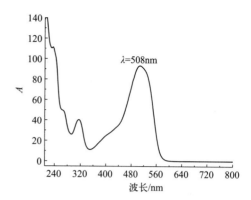

光谱图：

质谱图（ESI⁻）：

可能的裂解途径：m/z 451＞207（定量离子对），m/z 451＞371。

60. 食品红 17（诱惑红）

allura red AC

CAS 号：25956-17-6。

结构式、分子式、分子量：

分子式：$C_{18}H_{14}N_2Na_2O_8S_2$
分子量：496.42

溶解性：本品溶于水，可溶于甘油与丙二醇，微溶于乙醇，不溶于油脂[16]。

主要用途：化妆品准用着色剂（表 6-32）。

检验方法：化妆品安全技术规范 6.2，GB/T 37545，SN/T 2105。

检测器：DAD，MS（ESI 源）。

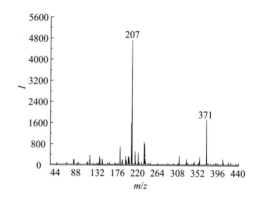

61. 食品黄 3（日落黄）

food yellow 3

CAS 号：2783-94-0。

结构式、分子式、分子量：

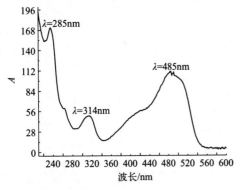

分子式：$C_{16}H_{10}N_2Na_2O_7S_2$

分子量：452.37

溶解性： 本品易溶于水（6.9%，0℃）、甘油、丙二醇，微溶于乙醇，不溶于油脂[16]。

主要用途： 化妆品准用着色剂（表6-31）。

检验方法： 化妆品安全技术规范6.2。

检测器： DAD，MS（ESI源）。

光谱图：

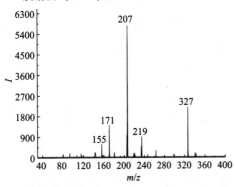

质谱图（ESI⁻）：

可能的裂解途径： m/z 407＞207（定量离子对），m/z 407＞327。

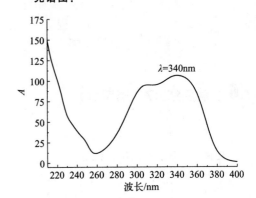

62. 双-乙基己氧苯酚甲氧苯基三嗪

bemotrizinol

CAS号：187393-00-6。

结构式、分子式、分子量：

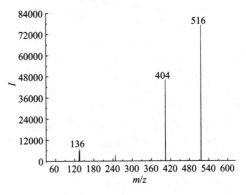

分子式：$C_{38}H_{49}N_3O_5$

分子量：627.81

溶解性： 本品不溶于甲醇、乙腈等溶剂，易溶于四氢呋喃[17]。

主要用途： 化妆品准用防晒剂（表5-6）。

检验方法： 化妆品安全技术规范5.1，化妆品安全技术规范5.8，GB/T 35916。

检测器： DAD，MS（ESI源）。

光谱图：

质谱图（ESI⁺）：

可能的裂解途径：m/z 628＞516（定量离

子对），*m/z* 628＞404。

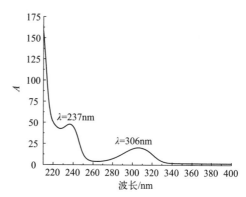

m/z 628

m/z 516

m/z 404

光谱图：

λ=237nm

λ=306nm

质谱图（ESI⁺）：

57 93 121 139

可能的裂解途径：*m/z* 251＞139（定量离子对），*m/z* 251＞121。

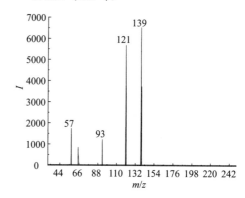

m/z 251

m/z 139

m/z 121

63. 水杨酸乙基己酯

ethylhexyl salicylate

CAS 号：118-60-5。

结构式、分子式、分子量：

分子式：$C_{15}H_{22}O_3$
分子量：250.33

溶解性：本品可溶于四氢呋喃[1]。

主要用途：化妆品准用防晒剂（表 5-15）。

检验方法：化妆品安全技术规范 5.1，化妆品安全技术规范 5.8，GB/T 35916，SN/T 4578。

检测器：DAD，MS（ESI 源，EI 源）。

64. 酸性橙 7

acid Orange 7

CAS 号：633-96-5。

结构式、分子式、分子量：

分子式：$C_{16}H_{11}N_2NaO_4S$
分子量：350.32

溶解性：1g 本品溶于 20mL 水[3]。

主要用途：化妆品准用着色剂（表 6-21）。

检验方法：化妆品安全技术规范 6.2，GB/T 37545。

检测器：DAD，MS（ESI 源）。

光谱图：

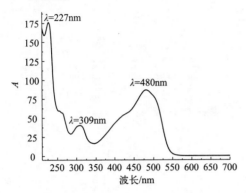

质谱图（ESI+）：

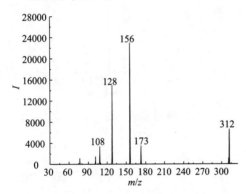

可能的裂解途径：m/z 329＞156（定量离子对），m/z 329＞128。

65. 酸性红 87

acid red 87

CAS 号：17372-87-1。

结构式、分子式、分子量：

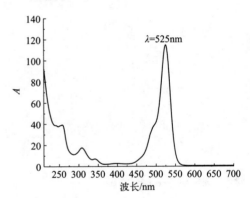

分子式：$C_{20}H_6Br_4Na_2O_5$

分子量：691.85

溶解性：本品易溶于水，微溶于乙醇，不溶于乙醚[3]。

主要用途：化妆品准用着色剂（表 6-75）。

检验方法：化妆品安全技术规范 6.2，化妆品安全技术规范 6.3。

检测器：DAD，MS（ESI 源）。

光谱图：

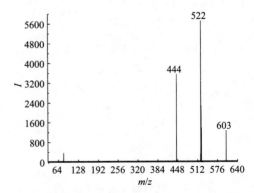

质谱图（ESI−）：

可能的裂解途径：m/z 648＞522（定量离子对），m/z 648＞444。

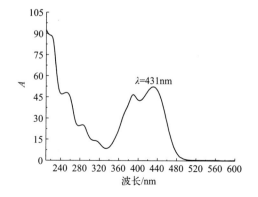

m/z 648　　→　　m/z 522

→　m/z 444

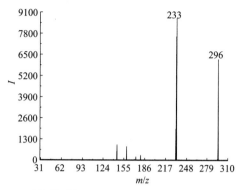

可能的裂解途径：m/z 313＞233（定量离子对），m/z 313＞296。

66. 酸性黄 1

naphthol yellow S

CAS 号：846-70-8。

结构式、分子式、分子量：

分子式：$C_{10}H_4N_2Na_2O_8S$

分子量：358.19

溶解性：本品溶于水，不溶于乙醇[3]。

主要用途：化妆品准用着色剂（表 6-3）。

检验方法：化妆品安全技术规范 6.2，GB/T 31858，GB/T 37545。

检测器：DAD，MS（ESI 源）。

光谱图：

$\lambda = 431nm$

波长/nm

m/z 313　→　m/z 296

→　m/z 233

67. 酸性紫 43

acid violet 43

CAS 号：4430-18-6。

结构式、分子式、分子量：

分子式：$C_{21}H_{14}NNaO_6S$

分子量：431.39

溶解性：本品易溶于水[18]。

主要用途：化妆品准用着色剂（表 6-90）、化妆品准用染发剂（表 7-37）。

检验方法：化妆品安全技术规范 6.1，GB/T 37545。

检测器：DAD，MS（ESI 源）。

光谱图：

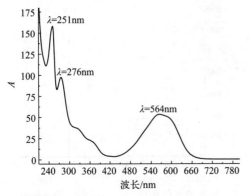

质谱图（ESI⁻）：

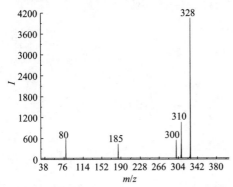

可能的裂解途径：m/z 408＞328（定量离子对），m/z 408＞310。

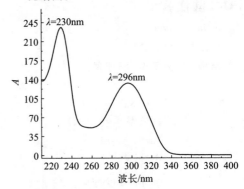

m/z 408　　　　m/z 328

m/z 310

68. 脱氢乙酸

dehydroacetic acid

CAS 号：520-45-6。

结构式、分子式、分子量：

分子式：$C_8H_8O_4$
分子量：168.15

溶解性：本品 25℃时溶解度（体积分数）：丙酮 22%、苯 18%、甲醇 5%、四氯化碳 3%、乙醇 3%、乙醚 5%、甘油＜0.1%、正庚烷 0.7%、橄榄油 1.6%、丙二醇 1.7%、水＜0.1%[3]。

主要用途：化妆品准用防腐剂（表 4-17）。

检验方法：化妆品安全技术规范 4.1，GB/T 30934。

检测器：DAD，FID，MS（ESI 源，EI 源）。

光谱图：

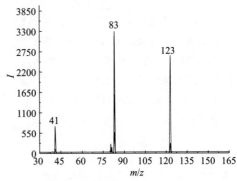

质谱图（ESI⁻）：

可能的裂解途径：m/z 167＞83（定量离子对），m/z 167＞123。

m/z 167　　m/z 123

m/z 83

69. 4-硝基邻苯二胺

4-nitro-*o*-phenylenediamine

CAS 号：99-56-9。

结构式、分子式、分子量：

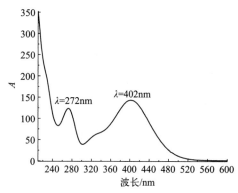

分子式：$C_6H_7N_3O_2$

分子量：153.14

溶解性：本品溶于盐酸水溶液，微溶于水[3]。

主要用途：化妆品准用染发剂（表7-29）。

检验方法：化妆品安全技术规范7.2，GB/T 35824。

检测器：DAD，MS（ESI源）。

光谱图：

质谱图（ESI⁻）：

可能的裂解途径：m/z 152＞46（定量离子对），m/z 152＞105。

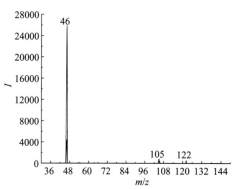

70. 2-溴-2-硝基丙烷-1，3-二醇

2-bromo-2-nitro-1,3-propanediol

CAS 号：52-51-7。

结构式、分子式、分子量：

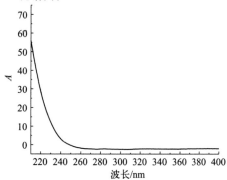

分子式：$C_3H_6BrNO_4$

分子量：199.99

溶解性：本品可溶于二甲亚砜[1]。

主要用途：化妆品准用防腐剂（表4-1）。

检验方法：化妆品安全技术规范4.1。

检测器：DAD，MS（ESI源）。

光谱图：

质谱图（ESI⁻）：

可能的裂解途径：m/z 246＞170（定量离子对），m/z 246＞81。

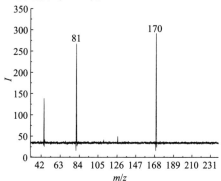

m/z 246　　　m/z 170　　　m/z 81

71. 亚苄基樟脑磺酸

benzylidene camphor sulfonic acid

CAS 号：56039-58-8。

结构式、分子式、分子量：

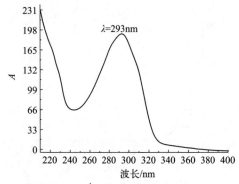

分子式：$C_{17}H_{20}O_4S$

分子量：320.40

溶解性： 本品可溶于四氢呋喃[4]。

主要用途： 化妆品准用防晒剂（表5-5）。

检验方法： 化妆品安全技术规范5.6，化妆品安全技术规范5.8，SN/T 4578。

检测器： DAD，MS（ESI源，EI源）。

光谱图：

λ=293nm

质谱图（ESI⁺）：

可能的裂解途径： m/z 321＞240（定量离子对），m/z 321＞225。

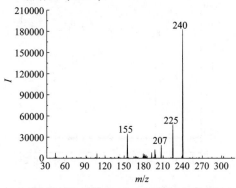

m/z 321　　　　　m/z 240

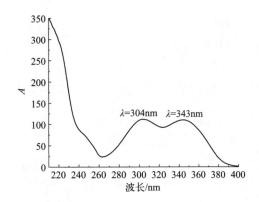

m/z 225

72. 亚甲基双-苯并三唑基四甲基丁基酚

methylene bis-benzotriazolyl tetramethylbutylphenol

CAS号： 103597-45-1。

结构式、分子式、分子量：

分子式：$C_{41}H_{50}N_6O_2$

分子量：658.87

溶解性： 本品可溶于四氢呋喃[4]。

主要用途： 化妆品准用防晒剂（表5-19）。

检验方法： 化妆品安全技术规范5.1，化妆品安全技术规范5.8，GB/T 35916。

检测器： DAD，MS（ESI源）。

光谱图：

λ=304nm　　λ=343nm

质谱图（ESI⁻）：

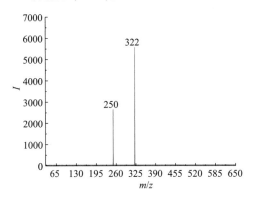

检测器：DAD。

光谱图：

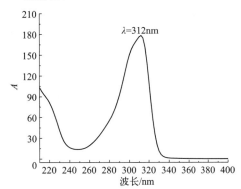

可能的裂解途径：m/z 657＞322（定量离子对），m/z 657＞250。

（下方结构式图）

m/z 657

m/z 322 m/z 250

73. 乙基己基三嗪酮

ethylhexyl triazone

CAS 号：88122-99-0。

结构式、分子式、分子量：

（结构式图）

分子式：$C_{48}H_{66}N_6O_6$

分子量：823.07

溶解性：本品可溶于四氢呋喃[4]。

主要用途：化妆品准用防晒剂（表 5-16）。

检验方法：化妆品安全技术规范 5.1，化妆品安全技术规范 5.8，GB/T 35916。

74. 对苯二胺等 32 种物质

液相色谱图：

色谱柱：ShimNex CS C_{18} 柱（250mm × 4.6mm，5μm）；流速：1.0mL/min；进样量：5μL；柱温：25℃；检测波长：280nm；流动相：A 为 0.02mol/L 磷酸氢二钾溶液（用磷酸调 pH 至 7.5），B 为甲醇，C 为乙腈。

梯度洗脱程序

时间/min	0	15	22	35	50	50.1	65
A/%	96	96	90	50	50	96	96
B/%	1	1	5	10	10	1	1
C/%	3	3	5	40	40	3	3

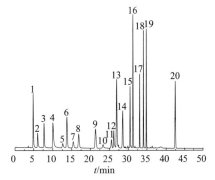

第一组：1.2-氨基-3-羟基吡啶；2.对苯二胺；3.对氨基苯酚；4.2,6-二氨基吡啶；5.甲苯-2,5-二胺硫酸盐；6.间氨基苯酚；7.2,4-二胺基苯氧基乙醇盐酸盐；8.4-氨基间甲酚；9.间苯二酚；10.2-氯对苯二胺硫酸盐；11.2-甲基间苯二酚；12.N,N-双（2-羟乙基）对苯二胺硫酸盐；13.2-硝基对苯二胺；14.苯基甲基吡唑啉酮；15.4-氨基-2-羟基甲苯；16.4-氨基-3-硝基苯酚；17.4-氯间苯二酚；18.6-羟基吲哚；19.1,5-萘二酚；20.1-萘酚

色谱柱：Agilent TC-C$_{18}$柱（250mm × 4.6mm，5μm）；流速：1.0mL/min；进样量：5μL；柱温：25℃；检测波长：280nm；流动相：A 为 0.02mol/L 磷酸氢二钾溶液（用磷酸调 pH 至 7.5），B 为甲醇。

梯度洗脱程序

时间/min	0	8	35	45	45.1	60
A/%	92	92	50	50	92	92
B/%	8	8	50	50	8	8

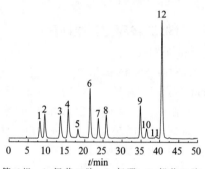

第二组：1. 间苯二胺；2. 氢醌；3. 邻苯二胺；4. 邻氨基苯酚；5. 对甲基氨基苯酚硫酸盐；6. 4-硝基邻苯二胺；7. 甲基-3,4-二胺；8. 6-氨基间甲酚；9. 2,7-萘二酚；10. N,N-二乙基对苯二胺硫酸盐；11. N,N-二乙基甲基-2,5-二胺盐酸盐；12. N-苯基对苯二胺

75. 对氨基苯甲酸等 24 种物质

液相色谱图：

色谱柱：Agilent Poreshell 120 EC-C$_{18}$柱（100mm×3.0mm，2.7μm）；流速：1.0mL/min；进样量：5μL；柱温：35℃；检测波长：311nm、360nm；流动相：A 为 0.1‰甲酸溶液，流动相：B 为乙醇-甲醇（1:3，体积比）。

梯度洗脱程序

时间/min	0	1	2	5	5.1	10	10.5	14	14.1
A/%	90	80	48	32	25	25	0	0	90
B/%	10	20	52	68	75	75	100	100	10

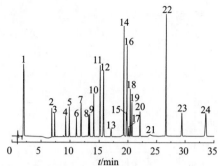

1. 对氨基苯甲酸；2. 苯基苯并咪唑磺酸；3. 二苯酮 4；4. 二苯酮 5；5. 二苯酮 2；6. 二苯酮 1；7. 二苯酮 8；8. 二苯酮 6；9. 二苯酮 3；10. 二苯酮 7；11 二苯酮 10；12. PABA 乙基己酯；13. 对甲氧基肉桂酸异戊酯；14. 对甲基苄亚基樟脑；15. 二乙氨羟苯甲酰基苯甲酸己酯；16. 奥克立林；17. 丁基甲氧基二苯甲酰基甲烷；18. 甲氧基肉桂酸乙基己酯；19. 水杨酸乙基己酯；20. 胡莫柳酯；21. 二苯酮 12；22. 乙基己基三嗪酮峰；23. 亚甲基双-苯并三唑基甲基丁基酚；24. 双-乙基己氧苯酚甲氧苯基三嗪

76. 溶剂绿 7 等 10 种物质

液相色谱图：

色谱柱：Agilent TC-C$_{18}$（250mm × 4.6mm，5μm）；柱温：30℃；检测器波长：480，520nm；进样量，10μL；流速：1.0mL/min；流动相：A 为 0.02mol/L 乙酸铵溶液，B 为甲醇。

梯度洗脱程序

时间/min	0	7.5	15	25	30	30.01	36.0
A/%	95	70	70	20	20	95	95
B/%	5	30	30	80	80	5	5

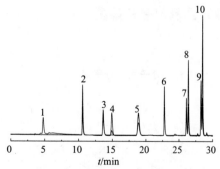

1. 溶剂绿 7；2. 食品红 9；3. 食品红 1；4. 酸性黄 1；5. 食品黄 3；6. 食品红 17；7. 食品红 1；8. 橙黄 I；9. 酸性黄 7；10. 酸性红 87

参考文献

[1] 国家食品药品监督管理总局化妆品标准专家委员会.化妆品安全技术规范(2015 年版)[M].北京:人民卫生出版社,2018.

[2] 蒋建权,曹利刚,毛佶强,等.一锅法合成 2-氨基-3-羟基吡啶[J].染料与染色,2016,53(04):19-21.

[3] 李云章.试剂手册[M].第 3 版.上海:上海科学技术出版社,2002.

[4] 韩晓萍,周需,李亚楠.高效液相色谱法同时测定化妆品中的 19 种防晒剂[J].中国卫生检验杂志,2018,28(9):1032-1037.

[5] 王箴.化工辞典[M].第四版.北京:化学工业出版社,2000.

[6] 雷敏,于文.市售洗手液用抑菌剂的介绍及其发展[J].中国洗涤用品工业,2021,8:26-31.

[7] R.C.罗,P.J.舍斯基,P.J.韦勒.药用辅料手册[M].北京:化学工业出版社,2005.

[8] 梁均,苏宁,郑洪艳,等.几种防晒剂及其复配物紫外吸收特征的研究[J].香料香精化妆品,2014(3):47-51.

[9] 胡璟煜.防晒霜的有效化学成分探讨[J].信息记录材料,2018,19(12):51-52.

[10] 孟宪双,马强,白桦,等.化妆品中己脒定与氯己定及其盐类的超高效液相色谱法测定及质谱确证[J].分析测试学报,2016,35(5):574-578.

[11] 叶仲力,刘泽春,吴清辉,等.水基胶中甲基异噻唑啉酮及其氯代物的测定[J].湖北农业科学,2017,56(01):128-131.

[12] 戎伟.紫外光谱法初步评价 46 种防晒剂的防晒效果[J].香料香精化妆品,2015(3):53-58.

[13] 国家药典委员会.中华人民共和国药典(二部)[M].北京:中国医药科技出版社,2020.

[14] 郭洁,张华珺,刘齐,等.高效液相色谱法同时测定洗发水中 5 种去屑剂[J].日用化学工业,2015,45(12):715-718.

[15] 周公度.化学辞典[M].北京:化学工业出版社,2003.

[16] 中国食品添加剂和配料协会.食品添加剂手册[M].中国轻工业出版社,2012.

[17] 徐文峰,金鹏飞,徐硕,等.高效液相色谱测定法定防晒霜中双-乙基己氧苯酚甲氧苯基三嗪的含量[J].中南药学,2019,17(02):86-88.

[18] 赵林果,季永新,李强,等.固定化漆酶对染料酸性紫 43 的脱色和降解[J].工业微生物,2007,37(006):35-40.

限用原料

1. 苯甲酸

benzoic acid

CAS 号： 65-85-0。

结构式、分子式、分子量：

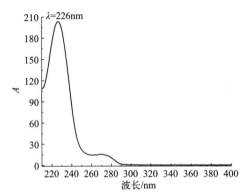

分子式：$C_7H_6O_2$

分子量：122.12

溶解性： 本品微溶于水，溶于乙醇、乙醚、氯仿、苯、二硫化碳和松节油[1]。

主要用途： 化妆品限用防腐剂（表 3-3），化妆品准用防腐剂（表 4-7）。

检验方法： 化妆品安全技术规范 4.1，GB/T 40191。

检测器： DAD，FID，MS（ESI 源）。

光谱图：

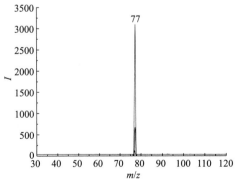

质谱图（ESI⁻）：

可能的裂解途径： m/z 121＞77（定量离子对）。

2. 苯氧异丙醇

phenoxyisopropanol

CAS 号： 770-35-4。

结构式、分子式、分子量：

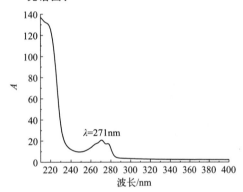

分子式：$C_9H_{12}O_2$

分子量：152.19

溶解性： 本品可溶于甲醇[2]。

主要用途： 化妆品限用原料（表 3-6），化妆品准用防腐剂（表 4-38）。

检验方法： 化妆品安全技术规范 4.2。

检测器： DAD，MS（ESI 源，EI 源）。

光谱图：

质谱图（ESI⁺）：

可能的裂解途径： m/z 153＞135（定量离子对），m/z 153＞109。

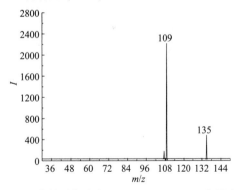

3. 吡硫鎓锌

pyrithione zinc

CAS 号： 13463-41-7。

结构式、分子式、分子量：

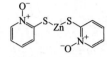

分子式：$C_{10}H_8N_2O_2S_2Zn$

分子量：317.72

溶解性： 本品可溶于二甲亚砜[2]。

主要用途： 化妆品限用原料（表 3-21），化妆品准用防腐剂（表 4-51）。

检验方法： 化妆品安全技术规范 4.2。

检测器： DAD。

光谱图：

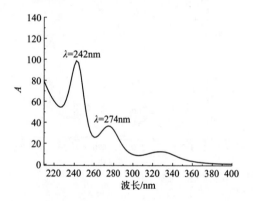

4. 间苯二酚

1，3-dihydroxybenzene

CAS 号： 108-46-3。

结构式、分子式、分子量：

分子式：$C_6H_6O_2$

分子量：110.11

溶解性： 本品易溶于乙醚和甘油，微溶于氯仿[3]。

主要用途： 化妆品限用原料（表 3-13），化妆品准用染发剂（表 7-70）。

检验方法： 化妆品安全技术规范 3.4，化妆品安全技术规范 7.1，化妆品安全技术规范 7.2，GB/T 35824。

检测器： DAD，MS（ESI 源）。

光谱图：

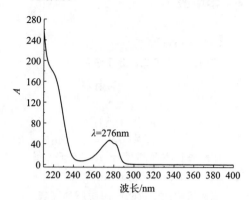

质谱图（ESI^+）：

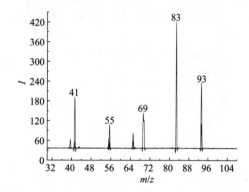

可能的裂解途径：m/z 111＞83（定量离子对），m/z 111＞93。

5. 酒石酸

tartaric acid

CAS 号： 526-83-0。

结构式、分子式、分子量：

分子式：$C_4H_6O_6$

分子量：150.09

溶解性： 本品易溶于水，溶于甲醇、乙醇、甘油，微溶于乙醚，不溶于氯仿[1]。

主要用途： 化妆品限用原料（表 3-37）。

检验方法： 化妆品安全技术规范 3.1。

检测器：DAD，MS（ESI 源）。

光谱图：

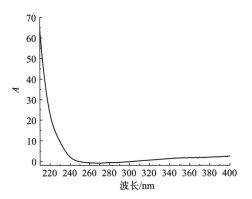

质谱图（ESI⁻）：

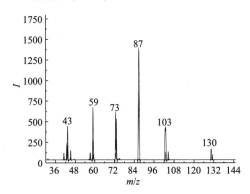

可能的裂解途径：m/z 149＞87（定量离子对），m/z 149＞59。

检验方法：化妆品安全技术规范 3.1。

检测器：DAD，FID，MS（ESI 源）。

光谱图：

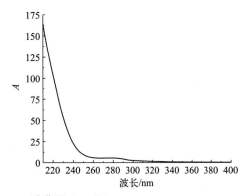

质谱图（ESI⁻）：

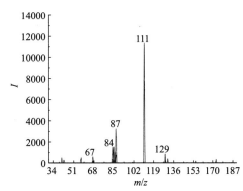

可能的裂解途径：m/z 191＞111（定量离子对），m/z 191＞87。

6. 柠檬酸

citric acid

CAS 号：77-92-9。

结构式、分子式、分子量：

分子式：$C_6H_8O_7$

分子量：192.12

溶解性：本品溶于水、乙醇和乙醚[1]。

主要用途：化妆品限用原料（表 3-37）。

7. 苹果酸

malic acid

CAS 号：636-61-3。

结构式、分子式、分子量：

分子式：$C_4H_6O_5$

分子量：134.09

溶解性：本品易溶于水、甲醇、乙醇、丙酮[1]。

主要用途：化妆品限用原料（表3-37）。

检验方法：化妆品安全技术规范3.1。

检测器：DAD，FID，MS（ESI源）。

光谱图：

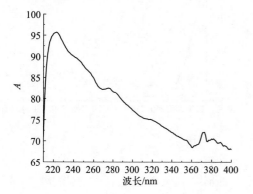

质谱图（ESI⁻）：

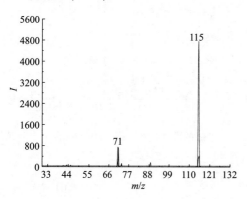

可能的裂解途径：m/z 133＞115（定量离子对），m/z 133＞71。

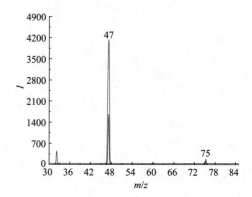

m/z 133 m/z 115 m/z 71

8. 巯基乙酸

thioglycollic acid

CAS号：68-11-1。

结构式、分子式、分子量：

HS—CH₂—COOH

分子式：$C_2H_4O_2S$

分子量：92.12

溶解性：本品能与水、乙醇、乙醚、氯仿和其他有机试剂混溶[3]。

主要用途：化妆品限用原料（表3-25）。

检验方法：化妆品安全技术规范3.9。

检测器：DAD，ELCD，MS（ESI源）。

光谱图：

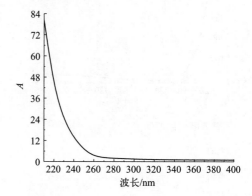

质谱图（ESI⁻）：

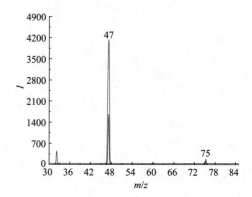

可能的裂解途径：m/z 91＞47（定量离子对），m/z 91＞75。

m/z 91 m/z 75 m/z 47

9. 乳酸

lactic acid

CAS号：50-21-5。

结构式、分子式、分子量：

分子式：$C_3H_6O_3$

分子量：90.08

溶解性：本品溶于水、乙醇、糠醛，微溶于乙醚，几乎不溶于氯仿、石油醚和二硫化碳[3]。

主要用途：化妆品限用原料（表 3-37）。

检验方法：化妆品安全技术规范 3.1。

检测器：DAD，MS（ESI 源）。

光谱图：

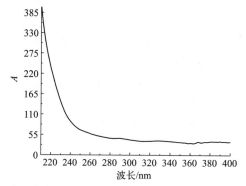

质谱图（ESI⁻）：

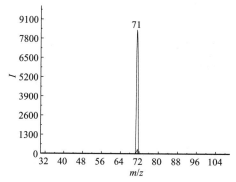

可能的裂解途径：m/z 89＞71（定量离子对）。

HO—CH(CH₃)—C(=O)OH (m/z 89) → HO—C(=O)—CH=CH₂ (m/z 71)

10. 三乙醇胺

triethanolamine

CAS：102-71-6。

结构式、分子式、分子量：

分子式：$C_6H_{15}NO_3$

分子量：149.19

溶解性：本品能与水、甲醇、丙酮互溶，25℃时的溶解度：苯 4.2%、乙醚 1.6%、四氯化碳 0.4%、正庚烷小于 0.1%[3]。

主要用途：化妆品限用原料（表 3-11）。

检验方法：化妆品安全技术规范 1.8，SN/T 2107。

检测器：DAD，MS（ESI 源，EI 源）。

光谱图：

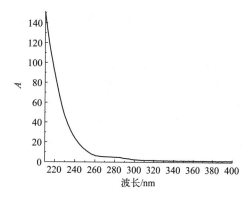

质谱图（ESI⁺）：

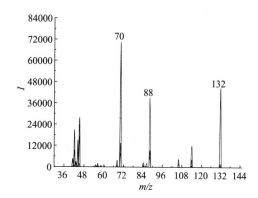

可能的裂解途径：m/z 150＞70（定量离子对），m/z 150＞132。

11. 十二烷基二甲基苄基氯化铵（苯扎氯铵）

dodecyldimethylbenzylammonium chloride

CAS 号：139-07-1。

结构式、分子式、分子量：

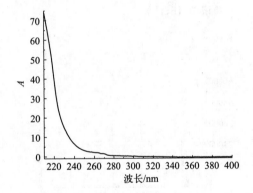

分子式：$C_{21}H_{38}ClN$

分子量：339.99

溶解性：本品易溶于水[4]。

主要用途：化妆品限用原料（表 3-2），化妆品准用防腐剂（表 4-5）。

检验方法：化妆品安全技术规范 4.3，GB/T 30931，GB/T 40950，QB/T 5452。

检测器：DAD，MS（ESI 源）。

光谱图：

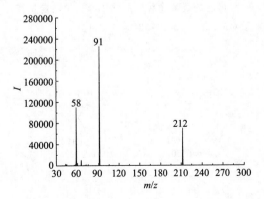

质谱图（ESI$^+$）：

可能的裂解途径：m/z 304＞91（定量离子对），m/z 304＞212。

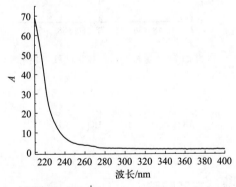

12. 十四烷基二甲基苄基氯化铵（米他氯铵）

tetradecyldimethylbenzylammonium chloride

CAS 号：139-08-2。

结构式、分子式、分子量：

分子式：$C_{23}H_{42}ClN$

分子量：368.04

溶解性：本品易溶于水，不溶于苯和乙醚等有机溶剂[3]。

主要用途：化妆品限用原料（表 3-1）。

检验方法：化妆品安全技术规范 4.3，GB/T 30931，GB/T 40950，GB/T 40185。

检测器：DAD，MS（ESI 源）。

光谱图：

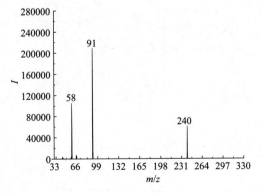

质谱图（ESI$^+$）：

可能的裂解途径：m/z 332＞91（定量离子对），m/z 332＞240。

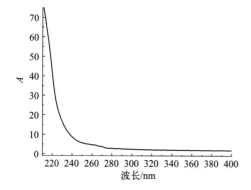

m/z 332
m/z 240
m/z 91

13. 十六烷基二甲基苄基氯化铵（西他氯铵）

benzyldimethylhexadecylammonium chloride

CAS 号：122-18-9。

结构式、分子式、分子量：

分子式：$C_{25}H_{46}ClN$
分子量：396.09

溶解性：本品溶于水、乙醇、丙酮、乙酸乙酯、丙二醇、山梨醇溶液、甘油、乙醚和四氯化碳[3]。

主要用途：化妆品限用原料（表 3-1）。

检验方法：化妆品安全技术规范 4.3，GB/T 30931，GB/T 40950，GB/T 40185。

检测器：DAD，MS（ESI 源）。

光谱图：

A (纵轴)
波长/nm (横轴)

质谱图（ESI$^+$）：

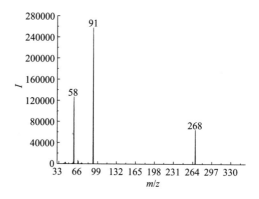

91
58
268
I (纵轴)
m/z (横轴)

可能的裂解途径：m/z 360＞91（定量离子对），m/z 360＞268。

m/z 268
m/z 360
m/z 91

14. 水杨酸

salicylic acid

CAS 号：69-72-7。

结构式、分子式、分子量：

分子式：$C_7H_6O_3$
分子量：138.12

溶解性：本品微溶于冷水，易溶于乙醇、乙醚、氯仿和沸水[1]。

主要用途：化妆品限用原料（表 3-8），化妆品准用防腐剂（表 4-42）。

检验方法：化妆品安全技术规范 4.2，SN/T 3920。

检测器：DAD，MS（ESI 源）。

光谱图：

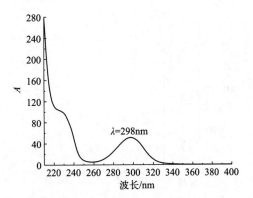

质谱图（ESI⁻）：

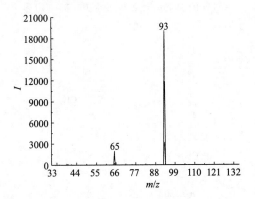

可能的裂解途径：m/z 137＞93（定量离子对），m/z 137＞65。

溶于乙醇，溶于苯甲酸苄酯、动植物油和香精油[4]。

主要用途：化妆品限用原料（表 3-45）。

检验方法：化妆品安全技术规范 3.11，GB/T 40844。

检测器：DAD，FID，MS（ESI 源，EI 源）。

光谱图：

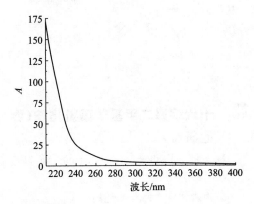

质谱图（ESI⁻）：

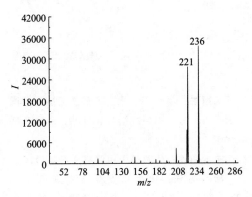

可能的裂解途径：m/z 293＞236（定量离子对），m/z 293＞221。

15. 酮麝香

musk ketone

CAS 号：81-14-1。

结构式、分子式、分子量：

分子式：$C_{14}H_{18}N_2O_5$

分子量：294.30

溶解性：本品不溶于水、甘醇和甘油，难

16. 乙醇胺

ethanolamine

CAS 号：141-43-5。

结构式、分子式、分子量：

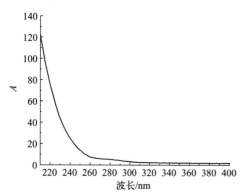

分子式：C_2H_7NO

分子量：61.08

溶解性：本品与水和乙醇可无限混溶，不溶于乙醚等[1]。

主要用途：化妆品限用原料（表3-44）。

检验方法：化妆品安全技术规范1.8，SN/T 2107。

检测器：DAD，ELCD，FID，MS（ESI源，EI源）。

光谱图：

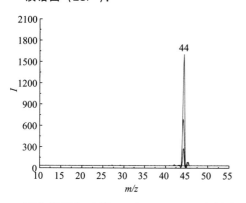

质谱图（ESI⁺）：

可能的裂解途径：m/z 62＞44（定量离子对）。

17. 乙醇酸

glycolic acid

CAS 号：79-14-1。

结构式、分子式、分子量：

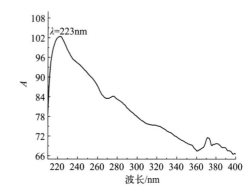

分子式：$C_2H_4O_3$

分子量：76.05

溶解性：本品溶于水、甲醇、乙醇、丙酸和醋酸乙酯，微溶于乙醚，极难溶于烃类[4]。

主要用途：化妆品限用原料（表3-37）。

检验方法：化妆品安全技术规范3.1。

检测器：DAD，FID，MS（ESI源）。

光谱图：

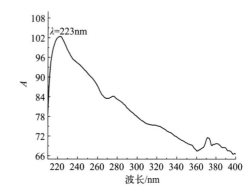

质谱图（ESI⁻）：

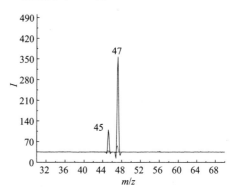

可能的裂解途径：m/z 75＞47（定量离子对），m/z 75＞45。

18. 10 种α-羟基酸

液相色谱图：

色谱柱：Ultmate AQ-C$_{18}$，250mm×4.6mm，5μm；进样量：10μL；检测器波长：214nm；

流动相：A 为甲醇，B 为 0.1mol/L 磷酸氢二铵，用磷酸调 pH 到 3.0，梯度洗脱程序：

时间/min	流速/(mL/min)	A/%	B/%
0	0.7	0	100
7	0.7	0	100
7.1	1.0	0	100
14	1.0	50	50
14.1	1.0	65	35
23	1.0	65	35
23.1	0.7	0	100
27	0.7	0	100

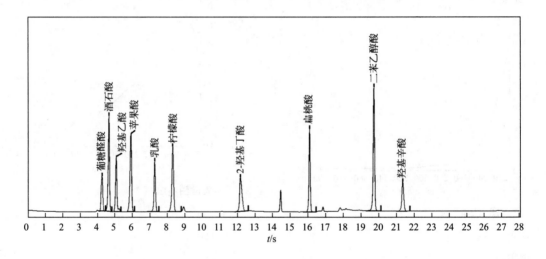

参考文献

[1] 王箴. 化工辞典[M]. 第四版. 北京:化学工业出版社,2000.

[2] 国家食品药品监督管理总局化妆品标准专家委员会. 化妆品安全技术规范[M]. 北京:人民卫生出版社,2018.

[3] 李云章. 试剂手册[M]. 第 3 版. 上海:上海科学技术出版社,2002.

[4] 周公度. 化学词典[M]. 北京:化学工业出版社,2003.

禁用原料

1. 阿氯米松双丙酸酯

alclometasone dipropionate

CAS 号：66734-13-2。

结构式、分子式、分子量：

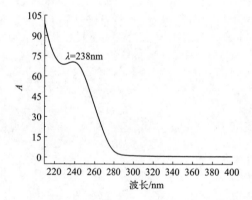

分子式：$C_{28}H_{37}ClO_7$

分子量：521.04

溶解性：本品可溶于乙腈[1]。

主要用途：化妆品禁用原料（表 1-1280）。

检验方法：化妆品安全技术规范 2.34，GB/T 24800.2。

检测器：DAD，MS（ESI 源）。

光谱图：

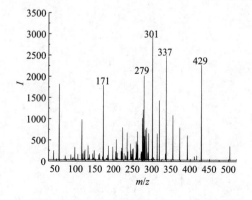

质谱图（ESI$^+$）：

可能的裂解途径：m/z 521>301（定量离子对），m/z 521>337。

2. 阿奇霉素

azithromycin

CAS 号：83905-01-5。

结构式、分子式、分子量：

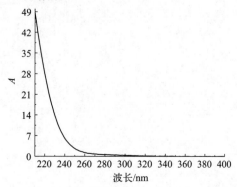

分子式：$C_{38}H_{72}N_2O_{12}$

分子量：748.98

溶解性：本品在甲醇、丙酮、无水乙醇或稀盐酸中易溶，在乙腈中溶解，在水中几乎不溶[2]。

主要用途：化妆品禁用原料（表 1-299）。

检验方法：化妆品安全技术规范 2.35，GB/T 35951。

检测器：DAD，MS（ESI 源）。

光谱图：

质谱图（ESI⁺）：

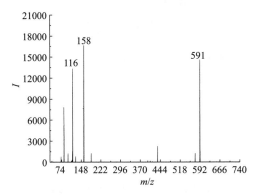

检测器：DAD，MS（ESI 源）。

光谱图：

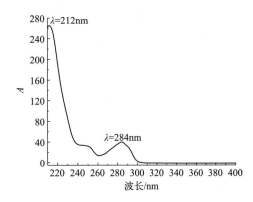

可能的裂解途径：m/z 749＞158（定量离子对），m/z 749＞591。

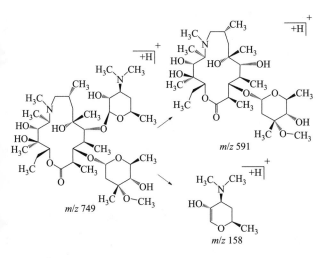

质谱图（ESI⁺）：

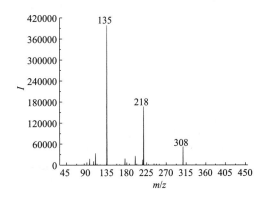

可能的裂解途径：m/z 459＞135（定量离子对），m/z 459＞218。

3. 阿司咪唑

astemizole

CAS 号：68844-77-9。

结构式、分子式、分子量：

分子式：$C_{28}H_{31}FN_4O$

分子量：458.57

溶解性：本品易溶于有机溶剂，不溶于水[3]。

主要用途：化妆品禁用原料（表 1-1279）。

检验方法：化妆品安全技术规范 2.18。

4. 4-氨基联苯

biphenyl-4-ylamine(*p*-Aminodiphenyl)

CAS 号：92-67-1。

结构式、分子式、分子量：

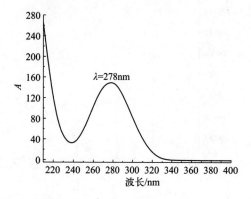

分子式：$C_{12}H_{11}N$
分子量：169.23

溶解性：本品易溶于热水，能溶于乙醇、乙醚、氯仿和甲醇，微溶于冷水[4]。

主要用途：化妆品禁用原料（表 1-352）。

检验方法：化妆品安全技术规范 2.10。

检测器：DAD，MS（ESI 源）。

光谱图：

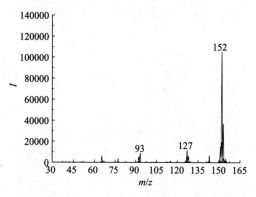

质谱图（ESI+）：

可能的裂解途径：m/z 170＞152（定量离子对），m/z 170＞93。

5. 4-氨基偶氮苯

4-aminoazobenzene

CAS 号：60-09-3。

结构式、分子式、分子量：

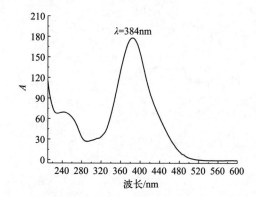

分子式：$C_{12}H_{11}N_3$
分子量：197.24

溶解性：本品溶于乙醇，微溶于水[4]。

主要用途：化妆品禁用原料（表 1-198）。

检验方法：化妆品安全技术规范 2.9，GB/T 30930。

检测器：DAD，MS（ESI 源）。

光谱图：

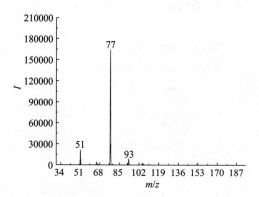

质谱图（ESI+）：

可能的裂解途径：m/z 198＞77（定量离子对），m/z 170＞93。

6. 安西奈德

amcinonide

CAS 号：51022-69-6。

结构式、分子式、分子量：

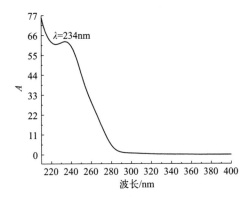

分子式：$C_{28}H_{35}FO_7$
分子量：502.57

溶解性：本品可溶于乙腈[1]。

主要用途：化妆品禁用原料（表 1-1280）。

检验方法：化妆品安全技术规范 2.34，GB/T 24800.2。

检测器：DAD，MS（ESI 源）。

光谱图：

λ=234nm

质谱图（ESI+）：

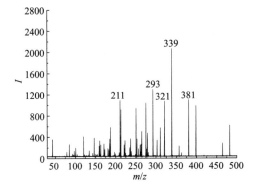

可能的裂解途径：m/z 503＞339（定量离子对），m/z 503＞293。

7. 奥硝唑

ornidazole

CAS 号：16773-42-5。

结构式、分子式、分子量：

分子式：$C_7H_{10}ClN_3O_3$
分子量：219.63

溶解性：本品易溶于乙醇，略溶于水[2]。

主要用途：化妆品禁用原料（表 1-299）。

检验方法：化妆品安全技术规范 2.35，BJH 202202。

检测器：DAD，MS（ESI 源）。

光谱图：

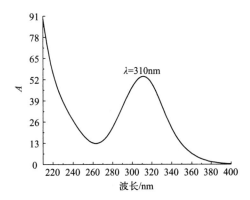

λ=310nm

质谱图（ESI⁺）：

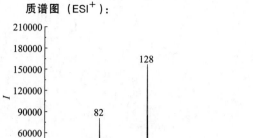

可能的裂解途径：m/z 220＞128（定量离子对），m/z 220＞82。

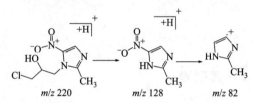

m/z 220 m/z 128 m/z 82

8. 斑蝥素

cantharidin

CAS 号：56-25-7。

结构式、分子式、分子量：

CH₃

CH₃

分子式：$C_{10}H_{12}O_4$

分子量：196.20

溶解性：本品 1g 溶于 40mL 丙酮、65mL 氯仿、560mL 乙醚和 150mL 乙酸乙酯，溶于油类，微溶于热水，不溶于冷水[4]。

主要用途：化妆品禁用原料（表 1-373）。

检验方法：化妆品安全技术规范 2.14。

检测器：DAD，FID，MS（ESI 源，EI 源）。

光谱图：

质谱图（ESI⁺）：

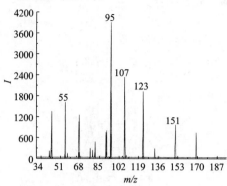

可能的裂解途径：m/z 197＞95（定量离子对），m/z 197＞107。

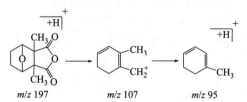

m/z 197 m/z 107 m/z 95

9. 苯并[α]芘

benzo[α]pyrene

CAS 号：50-32-8。

结构式、分子式、分子量：

分子式：$C_{20}H_{12}$

分子量：252.31

溶解性：本品几乎不溶于水，可溶于苯、甲苯、环己烷，稍溶于甲醇、乙醇[3]。

主要用途：化妆品禁用原料（表 1-338）。

检验方法：化妆品安全技术规范 2.15，GB/T 29670。

检测器：DAD，FLD，MS（ESI 源，APCI 源，EI 源）。

光谱图：

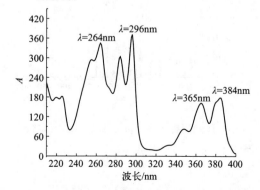

质谱图（ESI⁺）：

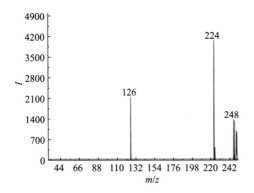

可能的裂解途径：m/z 253＞224（定量离子对），m/z 253＞126。

m/z 253 → m/z 224

→ m/z 126

10. 苯佐卡因

benzocaine

CAS 号：94-09-7。

结构式、分子式、分子量：

分子式：$C_9H_{11}NO_2$
分子量：165.19

溶解性：本品在乙醇、三氯甲烷或乙醚中易溶，在脂肪油中略溶，在水中极微溶解[2]。

主要用途：化妆品禁用原料（表1-956）。

检验方法：化妆品安全技术规范2.23。

检测器：DAD，MS（ESI 源）。

光谱图：

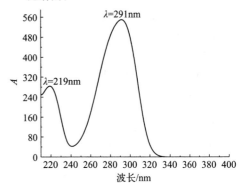

质谱图（ESI⁺）：

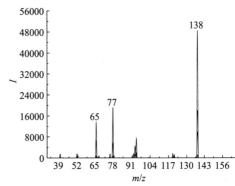

可能的裂解途径：m/z 166＞138（定量离子对），m/z 166＞77。

m/z 166 →

m/z 138 → m/z 77

11. 倍氯米松

beclomethasone

CAS 号：4419-39-0。

结构式、分子式、分子量：

分子式：$C_{22}H_{29}ClO_5$
分子量：408.92

溶解性：本品易溶于乙腈[1]。

主要用途：化妆品禁用原料（表 1-1280）。

检验方法：化妆品安全技术规范 2.34，GB/T 24800.2，SN/T 2533，SN/T 4504。

检测器：DAD，MS（ESI 源）。

光谱图：

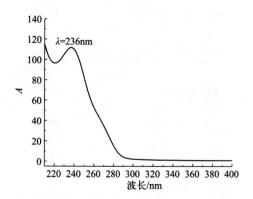

质谱图（ESI+）：

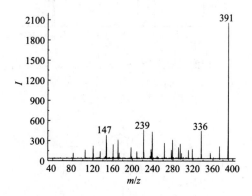

可能的裂解途径：m/z 409＞391（定量离子对），m/z 409＞239。

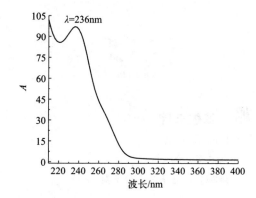

12. 倍氯米松双丙酸酯

beclomethasone dipropionate

CAS 号：5534-09-8。

结构式、分子式、分子量：

分子式：C₂₈H₃₇ClO₇

分子量：521.04

溶解性：本品在丙酮或三氯甲烷中易溶，在甲醇中溶解，在乙醇中略溶，在水中几乎不溶[2]。

主要用途：化妆品禁用原料（表 1-1280）。

检验方法：化妆品安全技术规范 2.34，GB/T 24800.2。

检测器：DAD，MS（ESI 源）。

光谱图：

质谱图（ESI+）：

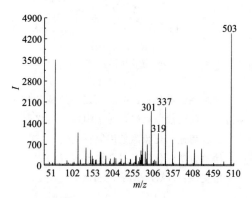

可能的裂解途径：m/z 521＞503（定量离

子对），m/z 521＞337。

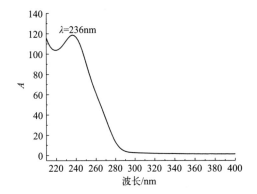

m/z 521

m/z 503

m/z 337

13. 倍他米松

betamethasone

CAS 号：378-44-9。

结构式、分子式、分子量：

分子式：$C_{22}H_{29}FO_5$

分子量：392.46

溶解性：本品在乙醇中略溶，在二氧六环中微溶，在水或三氯甲烷中几乎不溶[2]。

主要用途：化妆品禁用原料（表 1-1280）。

检验方法：化妆品安全技术规范 2.34，GB/T 24800.2，SN/T 2533。

检测器：DAD，MS（ESI 源）。

光谱图：

$\lambda=236nm$

波长/nm

质谱图（ESI$^+$）：

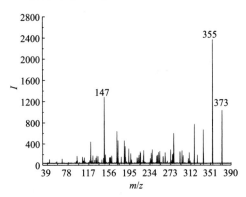

m/z

可能的裂解途径：m/z 393＞355（定量离子对），m/z 393＞147。

m/z 393

m/z 355

m/z 147

14. 倍他米松醋酸酯

betamethasone 21-acetate

CAS 号：987-24-6。

结构式、分子式、分子量：

分子式：$C_{24}H_{31}FO_6$

分子量：434.50

溶解性：本品可溶于乙腈[1]。

主要用途：化妆品禁用原料（表 1-1280）。

检验方法：化妆品安全技术规范 2.34，GB/T 24800.2。

检测器：DAD，MS（ESI 源）。

光谱图：

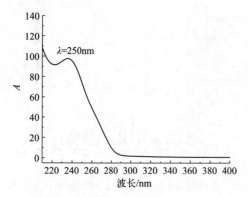

结构式、分子式、分子量：

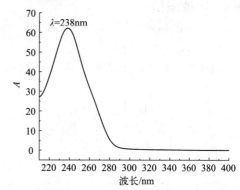

分子式：$C_{28}H_{37}FO_7$

分子量：504.59

溶解性：本品可溶于乙腈[1]。

主要用途：化妆品禁用原料（表 1-1280）。

检验方法：化妆品安全技术规范 2.34，GB/T 24800.2。

检测器：DAD，MS（ESI 源）。

光谱图：

质谱图（ESI⁺）：

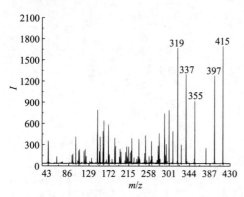

可能的裂解途径：m/z 435＞319（定量离子对），m/z 435＞415。

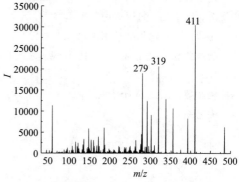

可能的裂解途径：m/z 505＞411（定量离子对），m/z 505＞319。

15. 倍他米松双丙酸酯

betamethasone dipropionate

CAS 号：5593-20-4。

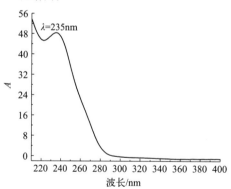

m/z 411 → *m/z* 319

16. 倍他米松戊酸酯

betamethasone 17-valerate

CAS 号：2152-44-5

结构式、分子式、分子量：

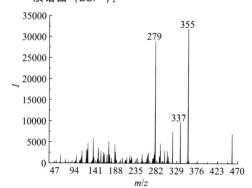

分子式：$C_{27}H_{37}FO_6$

分子量：476.57

溶解性：本品可溶于乙腈[1]。

主要用途：化妆品禁用原料（表 1-1280）。

检验方法：化妆品安全技术规范 2.34，GB/T 24800.2。

检测器：DAD，MS（ESI 源）。

光谱图：

λ=235nm

A / 波长/nm

质谱图（ESI⁺）：

279　355　337

I / *m/z*

可能的裂解途径：*m/z* 477＞355（定量离子对），*m/z* 477＞279。

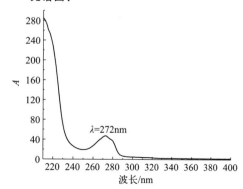

m/z 477 →

m/z 355 → *m/z* 279

17. 苯酚

phenol

CAS 号：108-95-2。

结构式、分子式、分子量：

OH

分子式：C_6H_6O

分子量：94.11

溶解性：本品易溶于乙醇、氯仿、乙醚、甘油和二硫化碳，稍溶于水，不溶于石油醚[3]。

主要用途：化妆品禁用原料（表 1-1035）。

检验方法：化妆品安全技术规范 8.2，SN/T 3920。

检测器：DAD，FLD，MS（EI 源）。

光谱图：

λ=272nm

A / 波长/nm

18. 比马前列素

bimatoprost

CAS 号：155206-00-1。

结构式、分子式、分子量：

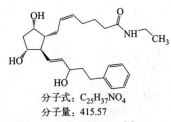

分子式：$C_{25}H_{37}NO_4$

分子量：415.57

溶解性： 本品可溶于甲醇[5]。

主要用途： 化妆品禁用原料（表 1-1286）。

检验方法： BJH 202102。

检测器： DAD，MS（ESI 源）。

光谱图：

m/z 380

↓

m/z 362

19. 丙烯酰胺

acrylamide

CAS 号： 79-06-1。

结构式、分子式、分子量：

H_2C＝ —NH$_2$

分子式：C_3H_5NO

分子量：71.08

溶解性： 本品 30℃时的溶解度（g/100mL 溶剂）：水中 215.5、甲醇 155、乙醇 86.2、丙酮 63.1、乙酸乙酯 12.6、氯仿 2.66、苯 0.346、庚烷 0.0068[4]。

主要用途： 化妆品禁用原料（表 1-275）。

检验方法： 化妆品安全技术规范 2.16，GB/T 29659。

检测器： DAD，MS（ESI 源）。

光谱图：

质谱图（ESI$^+$）：

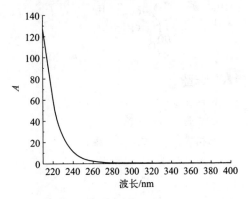

可能的裂解途径：*m/z* 398＞362（定量离子对），*m/z* 398＞380。

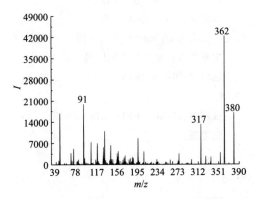

m/z 398

↓

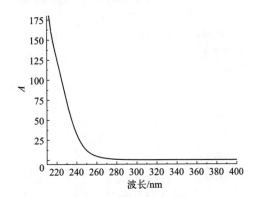

质谱图（ESI+）：

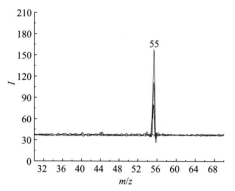

可能的裂解途径：m/z 72＞55（定量离子对）。

20. 布地奈德

budesonide

CAS 号：51333-22-3。

结构式、分子式、分子量：

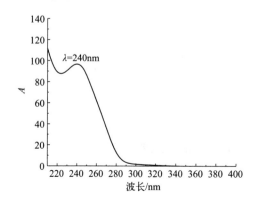

分子式：$C_{25}H_{34}O_6$

分子量：430.53

溶解性：本品易溶于乙腈[1]。

主要用途：化妆品禁用原料（表 1-1280）。

检验方法：化妆品安全技术规范 2.34，GB/T 24800.2。

检测器：DAD，MS（ESI 源）。

光谱图：

$\lambda=240nm$

质谱图（ESI+）：

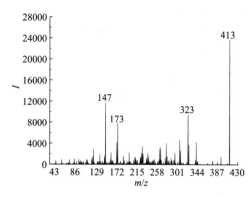

可能的裂解途径：m/z 431＞413（定量离子对），m/z 431＞147。

21. 补骨脂素

psoralen

CAS 号：66-97-7。

结构式、分子式、分子量：

分子式：$C_{11}H_6O_3$

分子量：186.16

溶解性：本品可溶于甲醇[1]。

主要用途：化妆品禁用原料（表 1-666）。

检验方法：化妆品安全技术规范 2.8，GB/T 30935。

检测器：DAD，MS（ESI 源）。

光谱图：

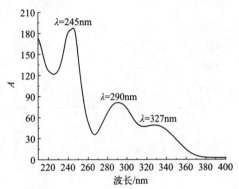

质谱图（ESI⁺）：

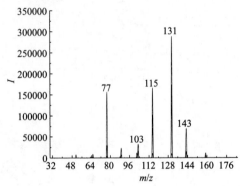

可能的裂解途径：m/z 187＞131（定量离子对），m/z 187＞115。

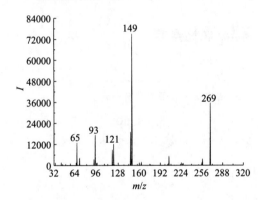

22. 补骨脂二氢黄酮

bavachin

CAS 号：19879-32-4。

结构式、分子式、分子量：

分子式：$C_{20}H_{20}O_4$

分子量：324.37

溶解性：本品可溶于甲醇[1]。

主要用途：化妆品禁用原料（表 1-666）。

检验方法：化妆品安全技术规范 2.8。

检测器：DAD，MS（ESI 源）。

光谱图：

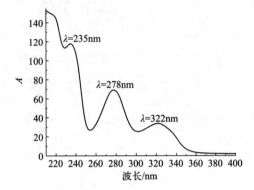

质谱图（ESI⁺）：

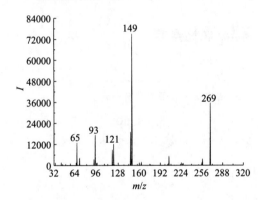

可能的裂解途径：m/z 325＞149（定量离子对），m/z 325＞269。

23. 差向脱水四环素

4-epi-anhydrotetracycline hydrochloride

CAS 号：4465-65-0。

结构式、分子式、分子量：

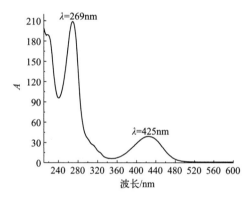

分子式：$C_{22}H_{23}ClN_2O_7$

分子量：462.88

溶解性： 本品可溶于甲醇[6]。

主要用途： 化妆品禁用原料（表 1-299）。

检验方法： 化妆品安全技术规范 2.35，GB/T 24800.1，SN/T 3897。

检测器： DAD，MS（ESI 源）。

光谱图：

$\lambda=269nm$

$\lambda=425nm$

质谱图（ESI$^+$）：

410

98 154

可能的裂解途径： $m/z\ 427 > 410$（定量离子对），$m/z\ 427 > 154$。

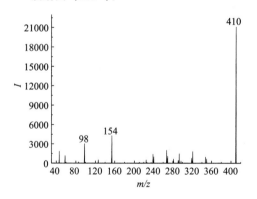

$m/z\ 427$

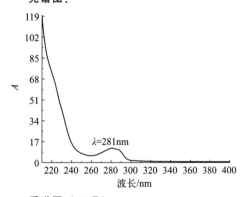

$m/z\ 410$ → $m/z\ 154$

24. 雌二醇

estradiol

CAS 号： 57-91-0。

结构式、分子式、分子量：

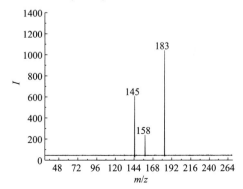

分子式：$C_{18}H_{24}O_2$

分子量：272.38

溶解性： 本品在丙酮中溶解，在乙醇中略溶，在水中不溶[2]。

主要用途： 化妆品禁用原料（表 1-1280）。

检验方法： 化妆品安全技术规范 2.4，化妆品安全技术规范 2.34，GB/T 34918。

检测器： DAD，MS（ESI 源）。

光谱图：

$\lambda=281nm$

质谱图（ESI$^-$）：

183

145

158

可能的裂解途径：m/z 271＞183（定量离子对），m/z 271＞145。

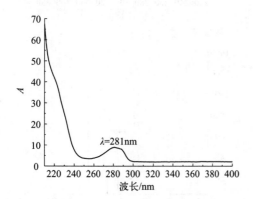

质谱图（ESI⁻）：

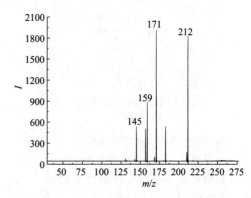

可能的裂解途径：m/z 287＞171（定量离子对），m/z 287＞212。

25. 雌三醇

estriol

CAS 号： 50-27-1。

结构式、分子式、分子量：

分子式：$C_{18}H_{24}O_3$
分子量：288.38

溶解性： 本品易溶于甲醇，溶于乙醇或丙酮，几乎不溶于水[3]。

主要用途： 化妆品禁用原料（表 1-1280）。

检验方法： 化妆品安全技术规范 2.4，化妆品安全技术规范 2.34，GB/T 34918。

检测器： DAD，MS（ESI 源）。

光谱图：

$\lambda = 281nm$

26. 雌酮

estrone

CAS 号： 53-16-7。

结构式、分子式、分子量：

分子式：$C_{18}H_{22}O_2$
分子量：270.37

溶解性： 本品溶于乙醇、丙酮、二氧六环、苯、氯仿、吡啶和氢氧化碱溶液，微溶于乙醚和植物油，几乎不溶于水[4]。

主要用途： 化妆品禁用原料（表 1-1280）。

检验方法： 化妆品安全技术规范 2.4，化妆品安全技术规范 2.5，化妆品安全技术规范 2.34，GB/T 34918。

检测器： DAD，MS（ESI 源）。

光谱图：

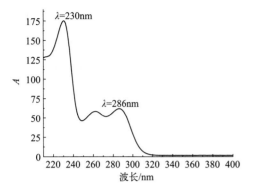

质谱图（ESI⁻）：

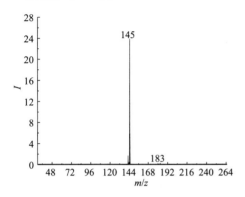

可能的裂解途径：m/z 269＞145（定量离子对），m/z 269＞183。

27. 醋酸甲地孕酮

megestrol acetate

CAS 号：595-33-5。

结构式、分子式、分子量：

分子式：$C_{24}H_{32}O_4$

分子量：384.51

溶解性：本品在三氯甲烷中易溶，在丙酮或乙酸乙酯中溶解，在乙醇中略溶，在乙醚中微溶，在水中不溶[2]。

主要用途：化妆品禁用原料（表 1-1280）。

检验方法：化妆品安全技术规范 2.34，SN/T 2533。

检测器：DAD，MS（ESI 源）。

光谱图：

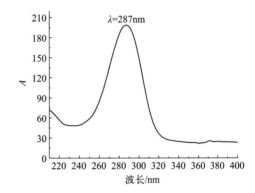

质谱图（ESI⁺）：

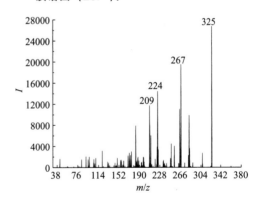

可能的裂解途径：m/z 385＞325（定量离子对），m/z 385＞267。

28. 醋酸甲羟孕酮

medroxyprogesterone 17-acetate

CAS 号：71-58-9。

结构式、分子式、分子量：

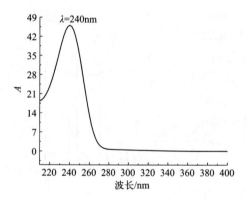

分子式：$C_{24}H_{34}O_4$

分子量：386.52

溶解性：本品在三氯甲烷中极易溶解，在丙酮中溶解，在乙酸乙酯中略溶，在无水乙醇中微溶，在水中不溶[2]。

主要用途：化妆品禁用原料（表 1-1280）。

检验方法：化妆品安全技术规范 2.34，SN/T 2533。

检测器：DAD，MS（ESI 源）。

光谱图：

$\lambda=240nm$

（纵轴 A，横轴 波长/nm）

质谱图（ESI$^+$）：

123　285　327

（纵轴 I，横轴 m/z）

m/z 387

m/z 327　　m/z 123

可能的裂解途径：m/z 387＞327（定量离子对），m/z 387＞123。

29. 醋酸氯地孕酮

chlormadinone acetate

CAS 号：302-22-7。

结构式、分子式、分子量：

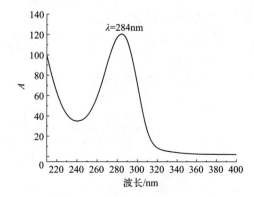

分子式：$C_{23}H_{29}ClO_4$

分子量：404.93

溶解性：本品在三氯甲烷中易溶，在甲醇中略溶，在乙醇中微溶，在水中不溶[2]。

主要用途：化妆品禁用原料（表 1-1280）。

检验方法：化妆品安全技术规范 2.34，SN/T 2533。

检测器：DAD，MS（ESI 源）。

光谱图：

$\lambda=284nm$

（纵轴 A，横轴 波长/nm）

质谱图（ESI+）：

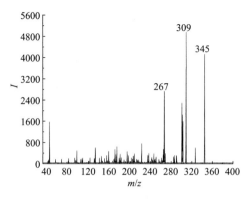

可能的裂解途径：m/z 405＞309（定量离子对），m/z 405＞345。

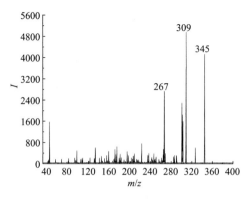

m/z 405

m/z 345

m/z 309

30. 醋硝香豆素

acenocoumarol

CAS 号：152-72-7。

结构式、分子式、分子量：

分子式：$C_{19}H_{15}NO_6$
分子量：353.33

溶解性： 本品易溶于极性溶剂[7]。
主要用途： 化妆品禁用原料（表1-268）。
检验方法： GB/T 35798。
检测器： DAD，MS（ESI 源）。
光谱图：

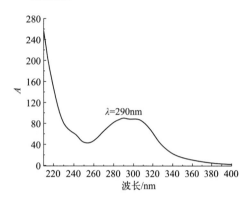

λ=290nm

质谱图（ESI+）：

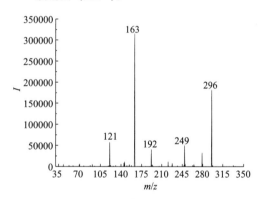

可能的裂解途径：m/z 354＞163（定量离子对），m/z 354＞296。

m/z 354

m/z 296

m/z 163

31. 达氟沙星

danofloxacin

CAS 号：112398-08-0。

结构式、分子式、分子量：

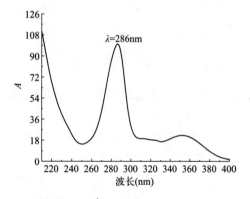

分子式：$C_{19}H_{20}FN_3O_3$
分子量：357.38

溶解性：本品可溶于甲醇、乙腈和碱性水溶液[8]。

主要用途：化妆品禁用原料（表1-299）。

检验方法：化妆品安全技术规范 2.35，GB/T 39999，SN/T 4393。

检测器：DAD，FLD，MS（ESI源）。

光谱图：

λ=286nm

波长(nm)

质谱图（ESI$^+$）：

可能的裂解途径：m/z 358＞340（定量离子对），m/z 358＞314。

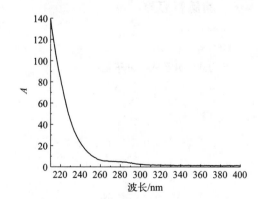

m/z 358

m/z 340 → *m/z* 314

32. 氮芥

mechlorethamine

CAS 号：51-75-2。

结构式、分子式、分子量：

分子式：$C_5H_{11}Cl_2N$
分子量：156.07

溶解性：本品与三氯甲烷、环己烷、乙酸乙酯等有机溶剂混溶，较难溶于水[9]。

主要用途：化妆品禁用原料（表1-394）。

检验方法：化妆品安全技术规范 2.14。

检测器：DAD，FID，MS（ESI源，EI源）。

光谱图：

波长/nm

质谱图（ESI$^+$）：

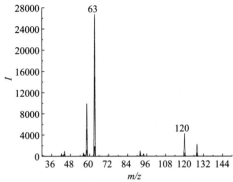

可能的裂解途径：m/z 156＞63（定量离子对），m/z 156＞120。

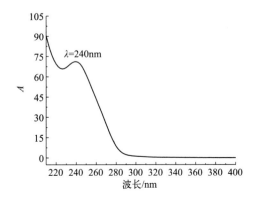

m/z 156　　　m/z 120　　　m/z 63

33. 地夫可特

deflazacort

CAS 号：14484-47-0。

结构式、分子式、分子量：

分子式：$C_{25}H_{31}NO_6$
分子量：441.52

溶解性：本品可溶于乙腈[1]。

主要用途：化妆品禁用原料（表 1-1280）。

检验方法：化妆品安全技术规范 2.34，GB/T 24800.2。

检测器：DAD，MS（ESI 源）。

光谱图：

$\lambda=240nm$

质谱图（ESI$^+$）：

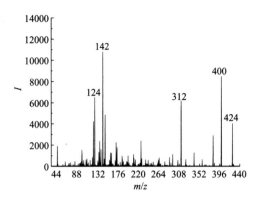

可能的裂解途径：m/z 442＞142（定量离子对），m/z 442＞400。

m/z 442

m/z 400　　　m/z 142

34. 地氯雷他定

desloratadine

CAS 号：100643-71-8。

结构式、分子式、分子量：

分子式：$C_{19}H_{19}ClN_2$
分子量：310.82

溶解性：本品几乎不溶于水，易溶于 96% 的乙醇[10]。

主要用途：化妆品禁用原料（表 1-1279）。

检验方法：化妆品安全技术规范 2.18。

检测器：DAD，MS（ESI 源）。

光谱图：

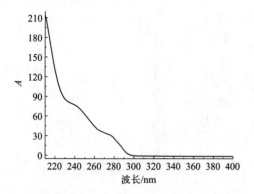

质谱图（ESI⁺）：

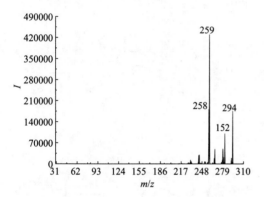

可能的裂解途径：m/z 311＞259（定量离子对），m/z 311＞294。

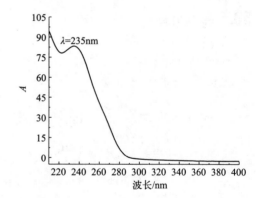

35. 地塞米松

dexamethasone

CAS 号：50-02-2。

结构式、分子式、分子量：

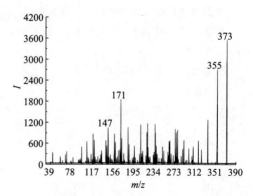

分子式：$C_{22}H_{29}FO_5$

分子量：392.46

溶解性：本品在甲醇、乙醇、丙酮或二氧六环中略溶，在三氯甲烷中微溶，在乙醚中极微溶解，在水中几乎不溶[2]。

主要用途：化妆品禁用原料（表1-1280）。

检验方法：化妆品安全技术规范2.34，GB/T 24800.2，SN/T 2533。

检测器：DAD，MS（ESI 源）。

光谱图：

质谱图（ESI⁺）：

可能的裂解途径：m/z 393＞373（定量离子对），m/z 393＞355。

质谱图（ESI$^+$）：

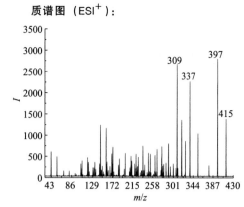

可能的裂解途径：m/z 435＞397（定量离子对），m/z 435＞309。

36. 地塞米松醋酸酯

dexamethasone 21-acetate

CAS 号：1177-87-3。

结构式、分子式、分子量：

分子式：$C_{24}H_{31}FO_6$

分子量：434.50

溶解性：本品在丙酮中易溶，在甲醇或无水乙醇中溶解，在乙醇或三氯甲烷中略溶，在乙醚中极微溶解，在水中不溶[2]。

主要用途：化妆品禁用原料（表 1-1280）。

检验方法：化妆品安全技术规范 2.34，GB/T 24800.2，SN/T 2533。

检测器：DAD，MS（ESI 源）。

光谱图：

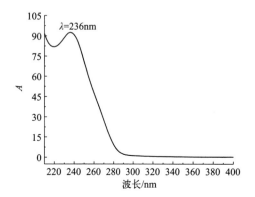

37. 地索奈德

desonide

CAS 号：638-94-8。

结构式、分子式、分子量：

分子式：$C_{24}H_{32}O_6$

分子量：416.51

溶解性：本品可溶于乙腈[1]。

主要用途：化妆品禁用原料（表 1-1280）。

检验方法：化妆品安全技术规范 2.34，GB/T 40145。

检测器：DAD，MS（ESI 源）。

光谱图：

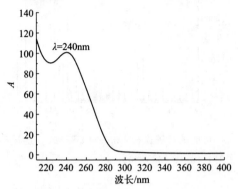

质谱图（ESI$^+$）：

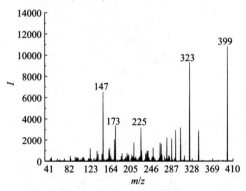

可能的裂解途径：m/z 417＞399（定量离子对），m/z 417＞323。

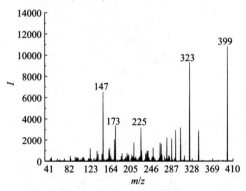

38. 对氨基苯甲酸

4-aminobenzoic acid

CAS 号：150-13-0。

结构式、分子式、分子量：

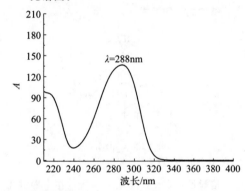

分子式：$C_7H_7NO_2$
分子量：137.14

溶解性：本品稍溶于冷水，易溶于沸水、乙醇和乙醚[3]。

主要用途：化妆品禁用原料（表 1-200）。

检验方法：GB/T 35916，QB/T 2333。

检测器：DAD，MS（ESI 源）。

光谱图：

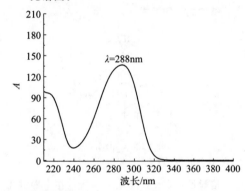

质谱图（ESI$^+$）：

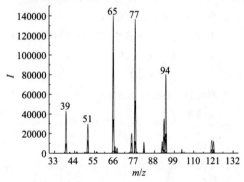

可能的裂解途径：m/z 138＞65（定量离子对），m/z 138＞77。

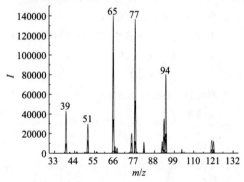

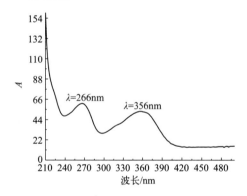

$m/z\ 77 \qquad m/z\ 65$

39. 多西环素

doxycycline

CAS 号：564-25-0。

结构式、分子式、分子量：

分子式：$C_{22}H_{24}N_2O_8$

分子量：444.43

溶解性：本品易溶于水和甲醇，微溶于乙醇和丙酮，不溶于三氯甲烷[8]。

主要用途：化妆品禁用原料（表 1-299）。

检验方法：化妆品安全技术规范 2.35，GB/T 24800.1，SN/T 3897。

检测器：DAD，MS（ESI 源）。

光谱图：

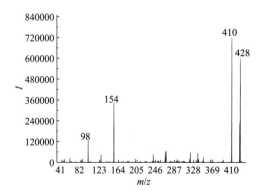

质谱图（ESI+）：

可能的裂解途径：$m/z\ 445 > 410$（定量离子对），$m/z\ 445 > 428$。

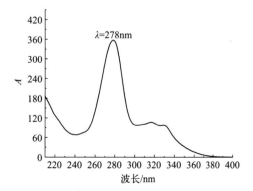

$m/z\ 445$

$m/z\ 428 \qquad m/z\ 410$

40. 恩诺沙星

enrofloxacin

CAS 号：93106-60-6。

结构式、分子式、分子量：

分子式：$C_{19}H_{22}FN_3O_3$

分子量：359.39

溶解性：本品易溶于三氯甲烷，略溶于二甲基酰胺，微溶于甲醇，极微溶于水，易溶于氢氧化钠溶液[8]。

主要用途：化妆品禁用原料（表 1-299）。

检验方法：化妆品安全技术规范 2.35，GB/T 39999，SN/T 4393。

检测器：DAD，FLD，MS（ESI 源）。

光谱图：

质谱图（ESI$^+$）：

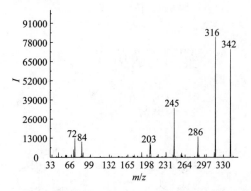

可能的裂解途径：m/z 360＞316（定量离子对），m/z 360＞342。

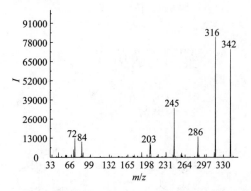

m/z 360

m/z 342

m/z 316

41. 二噁烷

1,4-dioxane

CAS 号：123-91-1。

结构式、分子式、分子量：

分子式：$C_4H_8O_2$

分子量：88.11

溶解性：本品与水、乙醇、乙醚、丙酮混溶[1]。

主要用途：化妆品禁用原料（表 1-490）。

检验方法：化妆品安全技术规范 2.19，GB/T 30932。

检测器：MS（EI 源）。

42. 二氟拉松双醋酸酯

diflorasone diacetate

CAS 号：33564-31-7。

结构式、分子式、分子量：

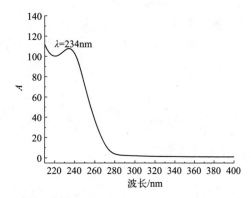

分子式：$C_{26}H_{32}F_2O_7$

分子量：494.52

溶解性：本品可溶于乙腈[1]。

主要用途：化妆品禁用原料（表 1-1280）。

检验方法：化妆品安全技术规范 2.34，GB/T 24800.2。

检测器：DAD，MS（ESI 源）。

光谱图：

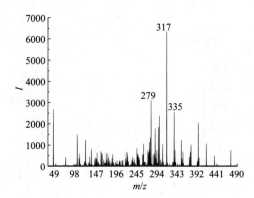

质谱图（ESI$^+$）：

可能的裂解途径：m/z 495＞317（定量离子对），m/z 495＞279。

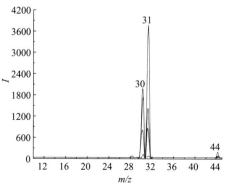

m/z 317

m/z 495

m/z 279

可能的裂解途径：*m/z* 46＞31（定量离子对），*m/z* 46＞30。

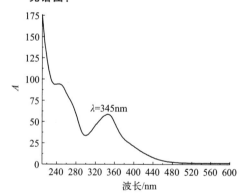

H₃C—NH₂⁺
m/z 31

H₂C⁺—NH₂
m/z 30

H₃C—NH
m/z 46

43. 二甲胺

dimethylamine

CAS 号：124-40-3。

结构式、分子式、分子量：

H₃C—NH
　　　CH₃

分子式：C_2H_7N

分子量：45.08

溶解性：本品易溶于水，溶于乙醇和乙醚[3]。

主要用途：化妆品禁用原料（表 1-480）。

检验方法：化妆品安全技术规范 1.8。

检测器：DAD，ELCD，MS（ESI 源）。

光谱图：

质谱图（ESI⁺）：

44. 二甲胺四环素

minocycline

CAS 号：10118-90-8。

结构式、分子式、分子量：

分子式：$C_{23}H_{27}N_3O_7$

分子量：457.48

溶解性：本品易溶于酸性或碱性溶液[11]。

主要用途：化妆品禁用原料（表 1-299）。

检验方法：化妆品安全技术规范 2.35，GB/T 24800.1，SN/T 3897。

检测器：DAD，MS（ESI 源）。

光谱图：

λ=345nm

质谱图（ESI⁺）：

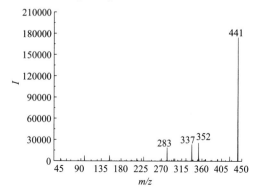

可能的裂解途径：m/z 458＞441（定量离子对），m/z 458＞352。

m/z 458

m/z 441

m/z 352

45. 二氯甲烷

dichloromethane

CAS 号：75-09-2。

结构式、分子式、分子量：

Cl—CH₂
　　　Cl

分子式：CH_2Cl_2
分子量：84.93

溶解性：本品能与乙醇、乙醚和 N,N-二甲基甲酰胺混溶，溶于 50 份水中[4]。

主要用途：化妆品禁用原料（表 1-1271）。

检验方法：化妆品安全技术规范 2.32，GB/T 35953。

检测器：FID，ECD，MS（EI 源）。

46. 1, 1-二氯乙烷

1,1-dichloroethane

CAS 号：75-34-3。

结构式、分子式、分子量：

H₃C
　　　Cl
　　Cl

分子式：$C_2H_4Cl_2$
分子量：98.96

溶解性：本品能与乙醇混溶，溶于乙醚和油类，溶于约 200 份水[4]。

主要用途：化妆品禁用原料（表 1-470）。

检验方法：化妆品安全技术规范 2.32。

检测器：FID，ECD，MS（EI 源）。

47. 1, 2-二氯乙烯

1,2-dichloroethene

CAS 号：540-59-0。

结构式、分子式、分子量：

反式　　顺式

分子式：$C_2H_2Cl_2$
分子量：96.94

溶解性：本品溶于乙醇、乙醚和一般有机溶剂，不溶于水[4]。

主要用途：化妆品禁用原料（表 1-466）。

检验方法：化妆品安全技术规范 2.32。

检测器：FID，ECD，MS（EI 源）。

48. 二氢香豆素

dihydrocoumarin

CAS 号：119-84-6。

结构式、分子式、分子量：

分子式：$C_9H_8O_2$
分子量：148.17

溶解性：本品易溶于极性溶剂[7]。

主要用途：化妆品禁用原料（表 1-152）。

检验方法：GB/T 35798。

检测器：DAD，MS（ESI 源，EI 源）。

光谱图：

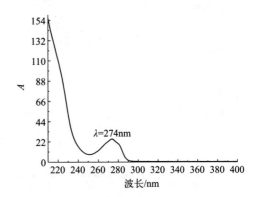

质谱图（ESI⁺）：

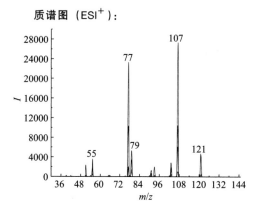

可能的裂解途径：m/z 149＞107（定量离子对），m/z 149＞77。

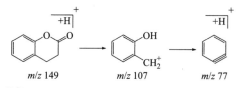

m/z 149 m/z 107 m/z 77

49. 二乙醇胺

diethanolamine

CAS 号：111-42-2。

结构式、分子式、分子量：

HO—⌒—N—⌒—OH
          H

分子式：$C_4H_{11}NO_2$

分子量：105.14

溶解性：本品溶于水、乙醇和丙酮，微溶于苯和乙醚[3]。

主要用途：化妆品禁用原料（表 1-1125）。

检验方法：化妆品安全技术规范 1.8，SN/T 2107。

检测器：DAD，ELCD，FID，MS（ESI源，EI源）。

光谱图：

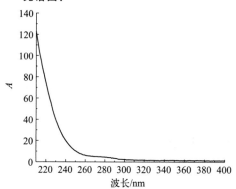

质谱图（ESI⁺）：

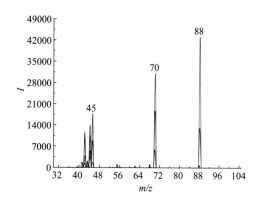

可能的裂解途径：m/z 106＞88（定量离子对），m/z 106＞70。

HO—⌒—N—⌒—OH   →
          H
m/z 106

HO—⌒—N—CH₂   →   H₂C—N—CH₂
          H   H
m/z 88 m/z 70

50. 奋乃静

perphenazine

CAS 号：58-39-9。

结构式、分子式、分子量：

分子式：$C_{21}H_{26}ClN_3OS$

分子量：403.97

溶解性：本品在三氯甲烷中极易溶解，在甲醇中易溶，在乙醇中溶解，在水中几乎不溶，在稀盐酸中溶解[2]。

主要用途：化妆品禁用原料（表 1-1279）。

检验方法：化妆品安全技术规范 2.18。

检测器：DAD，MS（ESI源）。

光谱图：

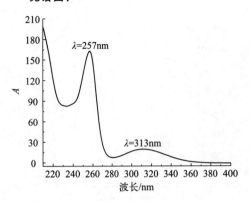

质谱图（ESI⁺）：

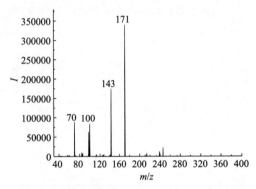

可能的裂解途径：m/z 404＞171（定量离子对），m/z 404＞143。

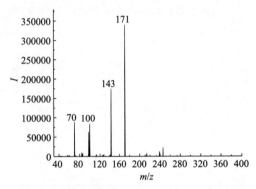

51. 分散黄3

disperse yellow 3

CAS 号：2832-40-8。

结构式、分子式、分子量：

分子式：$C_{15}H_{15}N_3O_2$
分子量：269.30

溶解性：本品不溶于水，能溶解在醇和丙酮等有机溶剂中[12]。

主要用途：化妆品禁用原料（表 1-500）。

检验方法：GB/T 34806，SN/T 4575。

检测器：DAD，MS（ESI 源）。

光谱图：

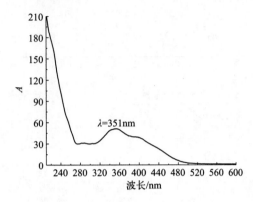

质谱图（ESI⁻）：

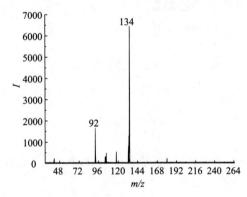

可能的裂解途径：m/z 268＞134（定量离子对），m/z 268＞92。

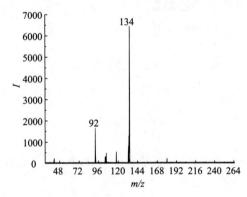

52. 氟康唑

fluconazole（diflucan）

CAS 号：86386-73-4。

结构式、分子式、分子量：

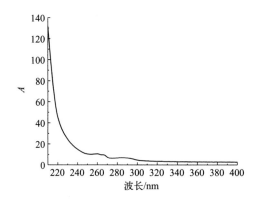

分子式：$C_{13}H_{12}F_2N_6O$

分子量：306.27

溶解性： 本品在甲醇中易溶，在乙醇中溶解，在二氯甲烷、水或醋酸中微溶，在乙醚中不溶[2]。

主要用途： 化妆品禁用原料（表 1-299）。

检验方法： 化妆品安全技术规范 2.35，GB/T 40901。

检测器： DAD，MS（ESI 源）。

光谱图：

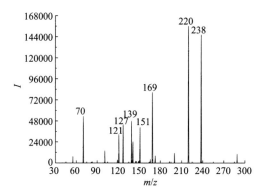

质谱图（ESI⁺）：

可能的裂解途径：m/z 307＞220（定量离子对），m/z 307＞238。

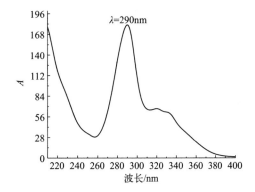

m/z 307

m/z 238

m/z 220

53. 氟罗沙星

fleroxacin

CAS 号： 79660-72-3

结构式、分子式、分子量：

分子式：$C_{17}H_{18}F_3N_3O_3$

分子量：369.34

溶解性： 本品在二氯甲烷中微溶，在甲醇中极微溶解，在水中极微溶解或几乎不溶，在乙酸乙酯中几乎不溶，在冰醋酸中易溶，在氢氧化钠试液中略溶[2]。

主要用途： 化妆品禁用原料（表 1-299）。

检验方法： 化妆品安全技术规范 2.35，GB/T 39999，SN/T 4393。

检测器： DAD，FLD，MS（ESI 源）。

光谱图：

质谱图（ESI⁺）：

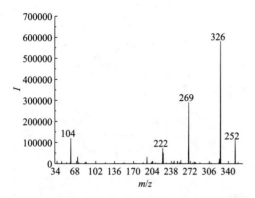

光谱图：

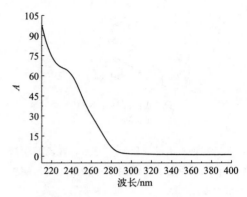

可能的裂解途径：m/z 370＞326（定量离子对），m/z 370＞269。

质谱图（ESI⁺）：

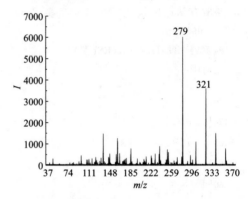

可能的裂解途径：m/z 377＞279（定量离子对），m/z 377＞321。

54. 氟米龙

fluorometholone

CAS 号：426-13-1。

结构式、分子式、分子量：

分子式：$C_{22}H_{29}FO_4$
分子量：376.46

溶解性：本品易溶于乙腈[1]。

主要用途：化妆品禁用原料（表 1-1280）。

检验方法：化妆品安全技术规范 2.34，GB/T 24800.2。

检测器：DAD，MS（ESI 源）。

55. 氟米龙醋酸酯

fluorometholone 17-acetate

CAS 号：3801-06-7。

结构式、分子式、分子量：

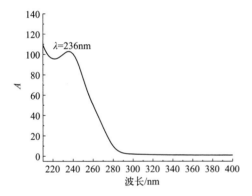

分子式：C$_{24}$H$_{31}$FO$_5$

分子量：418.50

溶解性：本品可溶于乙腈[1]。

主要用途：化妆品禁用原料（表 1-1280）。

检验方法：化妆品安全技术规范 2.34，GB/T 24800.2。

检测器：DAD，MS（ESI 源）。

光谱图：

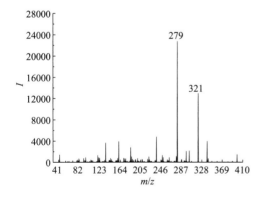

质谱图（ESI$^+$）：

可能的裂解途径：m/z 419＞279（定量离子对），m/z 419＞321。

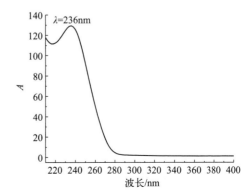

56. 氟米松

flumethasone

CAS 号：2135-17-3。

结构式、分子式、分子量：

分子式：C$_{22}$H$_{28}$F$_2$O$_5$

分子量：410.45

溶解性：本品易溶于乙腈[1]。

主要用途：化妆品禁用原料（表 1-1280）。

检验方法：化妆品安全技术规范 2.34，GB/T 24800.2，SN/T 2533。

检测器：DAD，MS（ESI 源）。

光谱图：

质谱图（ESI$^+$）：

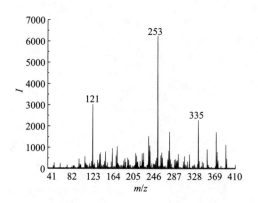

光谱图：

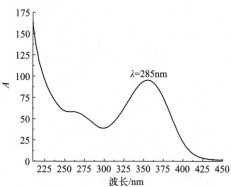

$\lambda=285nm$

可能的裂解途径：m/z 411＞253（定量离子对），m/z 411＞121。

可能的裂解途径：m/z 325＞100（定量离子对），m/z 325＞281。

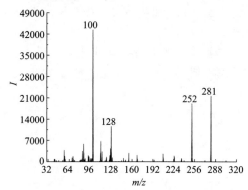

57. 呋喃它酮

furaltadone

CAS 号：139-91-3。

结构式、分子式、分子量：

分子式：$C_{13}H_{16}N_4O_6$

分子量：324.29

溶解性：本品难溶于水，微溶于氯仿，易溶于 N,N-二甲基甲酰胺[13]。

主要用途：化妆品禁用原料（表 1-299）。

检验方法：化妆品安全技术规范 2.35。

检测器：DAD，MS（ESI 源）。

58. 氟尼缩松

flunisolide

CAS 号：3385-03-3。

结构式、分子式、分子量：

分子式：$C_{24}H_{31}FO_6$

分子量：434.50

溶解性：本品可溶于乙腈[1]。

主要用途：化妆品禁用原料（表1-1280）。

检验方法：化妆品安全技术规范2.34。

检测器：DAD，MS（ESI源）。

光谱图：

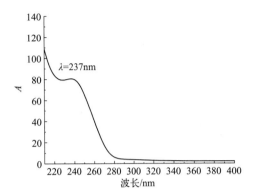

质谱图（ESI⁺）：

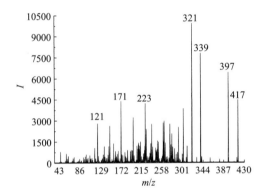

可能的裂解途径：m/z 435＞321（定量离子对），m/z 435＞339。

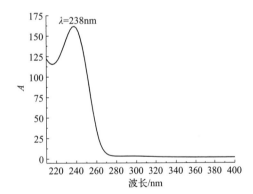

59. 氟氢可的松醋酸酯

fludrocortisone 21-acetate

CAS号：514-36-3。

结构式、分子式、分子量：

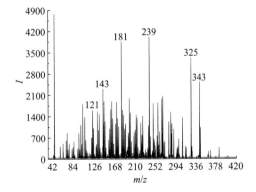

分子式：$C_{23}H_{31}FO_6$

分子量：422.49

溶解性：本品在乙醇或三氯甲烷中略溶，在乙醚中微溶，在水中不溶[2]。

主要用途：化妆品禁用原料（表1-1280）。

检验方法：化妆品安全技术规范2.34，GB/T 24800.2，SN/T 2533。

检测器：DAD，MS（ESI源）。

光谱图：

质谱图（ESI⁺）：

可能的裂解途径：m/z 423＞239（定量离子对），m/z 423＞181。

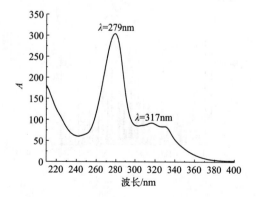

m/z 239   m/z 181

60. 氟轻松

fluocinolone acetonide

CAS 号：67-73-2。

结构式、分子式、分子量：

分子式：$C_{24}H_{30}F_2O_6$
分子量：452.49

溶解性：本品可溶于乙腈[1]。

主要用途：化妆品禁用原料（表 1-1280）。

检验方法：化妆品安全技术规范 2.34，GB/T 40145，SN/T 2533。

检测器：DAD，MS（ESI 源）。

光谱图：

λ=279nm

λ=317nm

波长/nm

质谱图（ESI$^+$）：

m/z

可能的裂解途径：$m/z\ 453 > 121$（定量离子对），$m/z\ 453 > 337$。

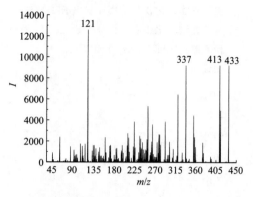

m/z 453

m/z 337   m/z 121

61. 氟轻松醋酸酯

fluocinonide

CAS 号：356-12-7。

结构式、分子式、分子量：

分子式：$C_{26}H_{32}F_2O_7$
分子量：494.52

溶解性：本品在丙酮或二氧六环中略溶，在甲醇或乙醇中微溶，在水或石油醚中不溶[2]。

主要用途：化妆品禁用原料（表 1-1280）。

检验方法：化妆品安全技术规范 2.34，GB/T 24800.2。

检测器：DAD，MS（ESI 源）。

光谱图：

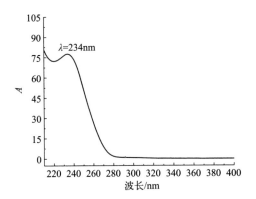

质谱图（ESI⁺）：

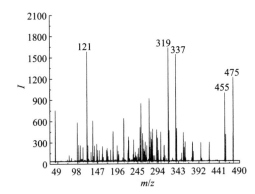

可能的裂解途径：m/z 495＞121（定量离子对），m/z 495＞319。

62. 氟氢缩松

fludroxycortide

CAS 号：1524-88-5。

结构式、分子式、分子量：

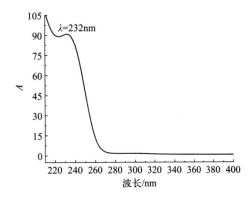

分子式：$C_{24}H_{33}FO_6$

分子量：436.51

溶解性：本品可溶于乙腈[1]。

主要用途：化妆品禁用原料（表 1-1280）。

检验方法：化妆品安全技术规范 2.34，GB/T 24800.2。

检测器：DAD，MS（ESI 源）。

光谱图：

质谱图（ESI⁺）：

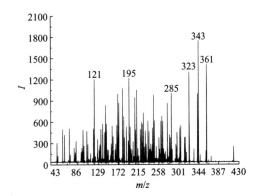

可能的裂解途径：m/z 437＞343（定量离子对），m/z 437＞361。

质谱图（ESI$^+$）：

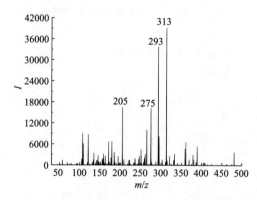

可能的裂解途径：m/z 501＞313（定量离子对），m/z 501＞293。

m/z 437

m/z 361 → m/z 343

m/z 501

m/z 313

m/z 293

63. 氟替卡松丙酸酯

fluticasone propionate

CAS 号：80474-14-2

结构式、分子式、分子量：

分子式：$C_{25}H_{31}F_3O_5S$

分子量：500.57

溶解性：本品在二氯甲烷中略溶，在乙醇中微溶，在水中几乎不溶[2]。

主要用途：化妆品禁用原料（表 1-1280）。

检验方法：化妆品安全技术规范 2.34，GB/T 24800.2。

检测器：DAD，MS（ESI 源）。

光谱图：

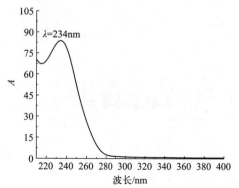

64. 睾丸酮

testosterone

CAS 号：58-22-0。

结构式、分子式、分子量：

分子式：$C_{19}H_{28}O_2$

分子量：288.42

溶解性：本品溶于乙醇、乙醚和有机溶剂，不溶于水[4]。

主要用途：化妆品禁用原料（表 1-1280）。

检验方法：化妆品安全技术规范 2.4，化妆品安全技术规范 2.34，GB/T 34918。

检测器：DAD，MS（ESI 源）。

光谱图：

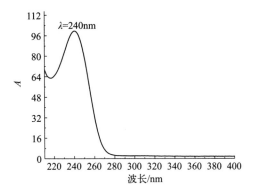

溶解性：本品在三氯甲烷中溶解，在甲醇或乙醇中微溶，在水中不溶[2]。

主要用途：化妆品禁用原料（表 1-1280）。

检验方法：化妆品安全技术规范 2.34，GB/T 24800.2，SN/T 2533。

检测器：DAD，MS（ESI 源）。

光谱图：

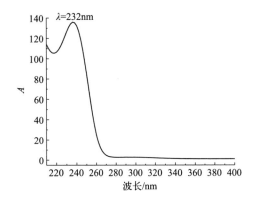

质谱图（ESI+）：

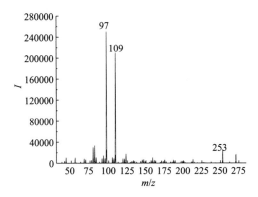

可能的裂解途径：m/z 289＞97（定量离子对），m/z 289＞109。

质谱图（ESI+）：

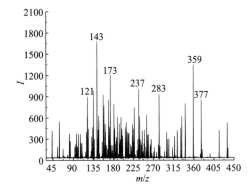

可能的裂解途径：m/z 455＞143（定量离子对），m/z 455＞359。

65. 哈西奈德

halcinonide

CAS 号：3093-35-4。

结构式、分子式、分子量：

分子式：$C_{24}H_{32}ClFO_5$

分子量：454.96

66. 红霉素

erythromycin

CAS 号：114-07-8。

结构式、分子式、分子量：

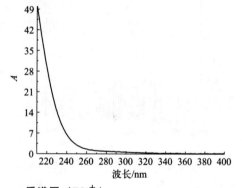

分子式：$C_{37}H_{67}NO_{13}$
分子量：733.93

溶解性：本品在甲醇、乙醇或丙酮中易溶，在水中极微溶解[2]。

主要用途：化妆品禁用原料（表 1-299）。

检验方法：化妆品安全技术规范 2.35，BJH 202201，GB/T 35951。

检测器：DAD，MS（ESI 源）。

光谱图：

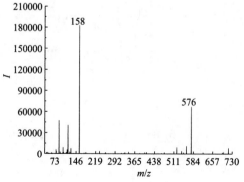

质谱图（ESI$^+$）：

可能的裂解途径：m/z 734＞576（定量离子对），m/z 734＞158。

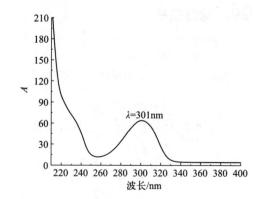

m/z 734

m/z 576 m/z 158

67. 环吡酮胺

ciclopirox ethanolamine

CAS 号：41621-49-2

结构式、分子式、分子量：

分子式：$C_{12}H_{17}NO_2$
分子量：207.27

溶解性：本品在甲醇、乙醇中易溶，在二甲基甲酰胺或水中略溶，在乙醚中微溶[2]。

主要用途：化妆品禁用原料（表 1-299）。

检验方法：化妆品安全技术规范 2.35。

检测器：DAD，MS（ESI 源）。

光谱图：

$\lambda=301nm$

质谱图（ESI⁺）：

光谱图：

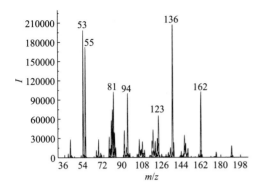

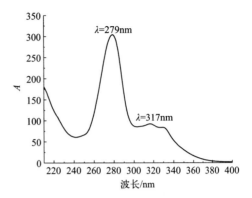

可能的裂解途径：m/z 208＞136（定量离子对），m/z 208＞162。

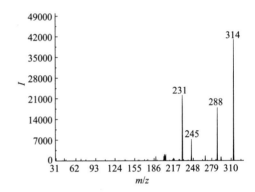

可能的裂解途径：m/z 332＞314（定量离子对），m/z 332＞231。

68. 环丙沙星

ciprofloxacin

CAS 号：85721-33-1

结构式、分子式、分子量：

分子式：$C_{17}H_{18}FN_3O_3$

分子量：331.34

溶解性： 本品在醋酸中溶解，在乙醇中极微溶解，在水中几乎不溶[2]。

主要用途： 化妆品禁用原料（表 1-299）。

检验方法： 化妆品安全技术规范 2.35，GB/T 39999，SN/T 4393。

检测器： DAD，FLD，MS（ESI 源）。

69. 环索奈德

ciclesonide

CAS 号：126544-47-6。

结构式、分子式、分子量：

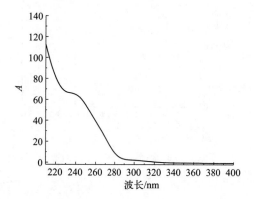

分子式：$C_{32}H_{44}O_7$
分子量：540.69

溶解性： 本品溶于 N,N-二甲基甲酰胺、甲醇、乙醇（纯度 99.5%），极微溶解于正己烷、不溶解于水[14]。

主要用途： 化妆品禁用原料（表 1-1280）。

检验方法： 化妆品安全技术规范 2.34。

检测器： DAD，MS（ESI 源）。

光谱图：

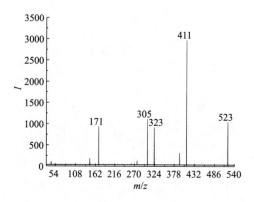

质谱图（ESI+）：

可能的裂解途径： m/z 541＞411（定量离子对），m/z 541＞523。

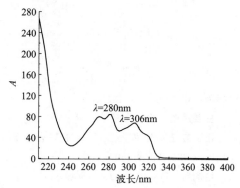

m/z 541

m/z 523 m/z 411

70. 环香豆素

pyranocoumarin

CAS 号： 518-20-7。

结构式、分子式、分子量：

分子式：$C_{20}H_{18}O_4$
分子量：322.35

溶解性： 本品易溶于极性溶剂[7]。

主要用途： 化妆品禁用原料（表 1-151）。

检验方法： GB/T 35798。

检测器： DAD，MS（ESI 源）。

光谱图：

$\lambda=280nm$
$\lambda=306nm$

质谱图（ESI⁺）：

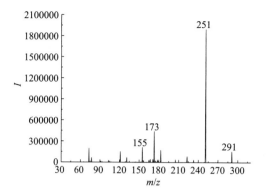

可能的裂解途径：m/z 323＞251（定量离子对），m/z 323＞173。

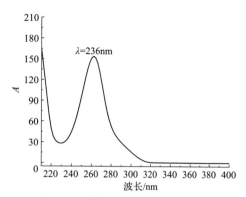

m/z 323

m/z 251 → m/z 173

71. 磺胺

sulfanilamide

CAS 号：63-74-1。

结构式、分子式、分子量：

分子式：$C_6H_8N_2O_2S$

分子量：172.20

溶解性：本品在水中微溶，在丙酮中易溶，在乙醇中略溶，在二氯甲烷中几乎不溶，可溶于碱性溶液或稀酸溶液[15]。

主要用途：化妆品禁用原料（表 1-299）。

检验方法：GB/T 24800.6。

检测器：DAD，MS（ESI 源）。

光谱图：

$\lambda = 236\,nm$

质谱图（ESI⁺）：

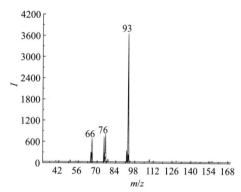

可能的裂解途径：m/z 173＞93（定量离子对），m/z 173＞76。

m/z 173 → m/z 93 → m/z 76

72. 磺胺苯酰

sulfabenzamide

CAS 号：127-71-9。

结构式、分子式、分子量：

分子式：$C_{13}H_{12}N_2O_3S$

分子量：276.31

溶解性：可溶于甲醇，几乎不溶于水[8]。

主要用途：化妆品禁用原料（表 1-299）。

检验方法：化妆品安全技术规范 2.35，GB/T 24800.6。

检测器：DAD，MS（ESI源）。

光谱图：

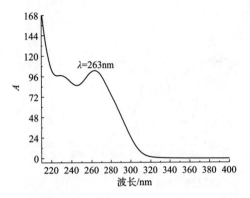

$\lambda=263nm$

质谱图（ESI$^+$）：

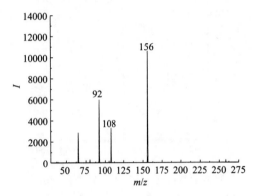

可能的裂解途径：$m/z\ 277 > 156$（定量离子对），$m/z\ 277 > 92$。

H$_2$N—⬡—S(=O)$_2$—NH—C(=O)—⬡ 　[+H]$^+$ →
m/z 277

H$_2$N—⬡—S(=O)$_2^+$ → H$_2$N—⬡ 　[+H]$^+$
m/z 156　　　　*m/z* 92

73. 磺胺吡啶

sulfapyridine

CAS号：144-83-2。

结构式、分子式、分子量：

H$_2$N—⬡—S(=O)$_2$—NH—⬠(N)

分子式：C$_{11}$H$_{11}$N$_3$O$_2$S

分子量：249.29

溶解性：本品微溶于乙醇和丙酮，几乎不溶于水，易溶于氢氧化钠溶液和氨水，在稀盐酸中溶解[3]。

主要用途：化妆品禁用原料（表1-299）。

检验方法：化妆品安全技术规范2.35，GB/T 24800.6。

检测器：DAD，MS（ESI源）。

光谱图：

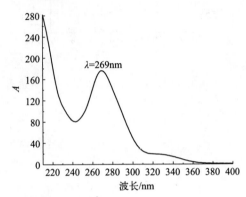

$\lambda=269nm$

质谱图（ESI$^+$）：

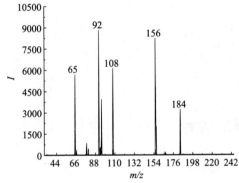

可能的裂解途径：$m/z\ 250 > 92$（定量离子对），$m/z\ 250 > 156$。

H$_2$N—⬡—S(=O)$_2$—NH—⬠(N) 　[+H]$^+$ →
m/z 250

H$_2$N—⬡—S(=O)$_2^+$ → H$_2$N—⬡ 　[+H]$^+$
m/z 156　　　　*m/z* 92

74. 磺胺醋酰

sulfacetamide

CAS号：144-80-9。

结构式、分子式、分子量：

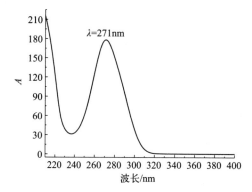

分子式：C₈H₁₀N₂O₃S

分子式：$C_8H_{10}N_2O_3S$

分子量：214.24

溶解性：本品稍溶于冷水，易溶于热水、丙酮、乙醇[3]。

主要用途：化妆品禁用原料（表1-299）。

检验方法：GB/T 24800.6。

检测器：DAD，MS（ESI源）。

光谱图：

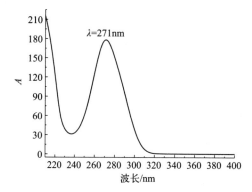

$\lambda=271\text{nm}$

质谱图（ESI⁺）：

可能的裂解途径：m/z 215＞65（定量离子对），m/z 215＞156。

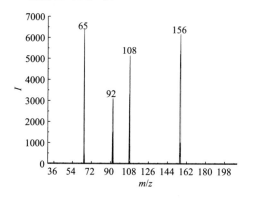

m/z 215

m/z 156 → m/z 65

---

75. 磺胺二甲噁唑

sulfamoxol

CAS号：729-99-7。

结构式、分子式、分子量：

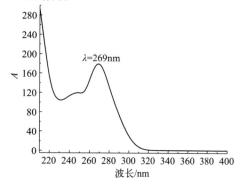

分子式：$C_{11}H_{13}N_3O_3S$

分子量：267.30

溶解性：本品可溶于甲醇，几乎不溶于水[3]。

主要用途：化妆品禁用原料（表1-299）。

检验方法：化妆品安全技术规范2.35，GB/T 24800.6。

检测器：DAD，MS（ESI源）。

光谱图：

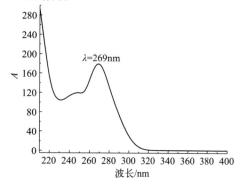

$\lambda=269\text{nm}$

质谱图（ESI⁺）：

可能的裂解途径：m/z 268＞156（定量离子对），m/z 268＞92。

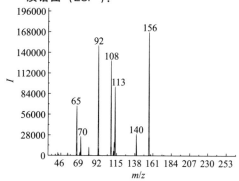

m/z 268

m/z 156 → m/z 92

76. 磺胺二甲嘧啶

sulfamethazine

CAS 号：57-68-1。

结构式、分子式、分子量：

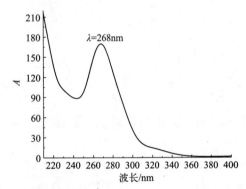

分子式：$C_{12}H_{14}N_4O_2S$

分子量：278.33

溶解性：本品在水和乙醇中微溶，在丙酮中溶解[15]。

主要用途：化妆品禁用原料（表1-299）。

检验方法：化妆品安全技术规范2.35，GB/T 24800.6。

检测器：DAD，MS（ESI源）。

光谱图：

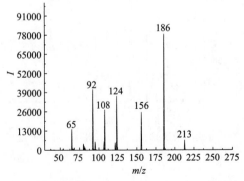

质谱图（ESI$^+$）：

可能的裂解途径：m/z 279＞186（定量离子对），m/z 279＞92。

77. 磺胺二甲氧嘧啶

sulfadimethoxine

CAS 号：122-11-2。

结构式、分子式、分子量：

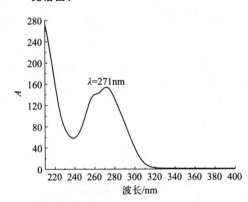

分子式：$C_{12}H_{14}N_4O_4S$

分子量：310.33

溶解性：本品可溶于甲醇-水（1∶1，体积比）[16]。

主要用途：化妆品禁用原料（表1-299）。

检验方法：化妆品安全技术规范2.35。

检测器：DAD，MS（ESI源）。

光谱图：

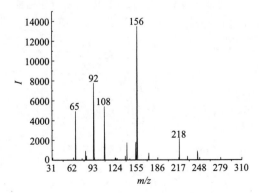

质谱图（ESI$^+$）：

可能的裂解途径：m/z 311＞156（定量离子对），m/z 311＞92。

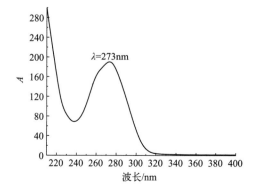

m/z 311

m/z 156 → m/z 92

78. 磺胺邻二甲氧嘧啶

sulfadoxine

CAS 号：2447-57-6。

结构式、分子式、分子量：

分子式：$C_{12}H_{14}N_4O_4S$

分子量：310.33

溶解性：本品在丙酮中略溶，在乙醇中微溶，在水中几乎不溶，在稀盐酸或氢氧化钠溶液中易溶[2]。

主要用途：化妆品禁用原料（表 1-299）。

检验方法：化妆品安全技术规范 2.35，GB/T 24800.6。

检测器：DAD，MS（ESI 源）。

光谱图：

$\lambda=273nm$

横轴 波长/nm，纵轴 A

质谱图（ESI$^+$）：

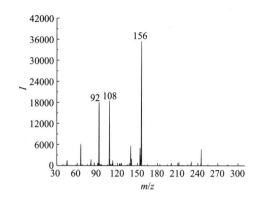

横轴 m/z，纵轴 I

可能的裂解途径：m/z 311＞156（定量离子对），m/z 311＞92。

m/z 311

m/z 156 → m/z 92

79. 磺胺二甲异嘧啶

sulfisomidine

CAS 号：515-64-0。

结构式、分子式、分子量：

分子式：$C_{12}H_{14}N_4O_2S$

分子量：278.33

溶解性：本品可溶于甲醇-水（1：1，体积比）[16]。

主要用途：化妆品禁用原料（表 1-299）。

检验方法：化妆品安全技术规范 2.35，GB/T 24800.6。

检测器：DAD，MS（ESI 源）。

光谱图：

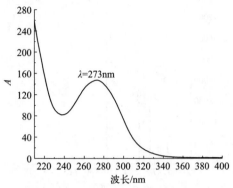

质谱图（ESI⁺）：

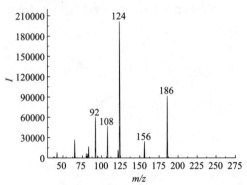

可能的裂解途径：m/z 279＞124（定量离子对），m/z 279＞186。

80. 磺胺胍

sulfaguanidine

CAS 号：57-67-0。

结构式、分子式、分子量：

分子式：$C_7H_{10}N_4O_2S$
分子量：214.24

溶解性：本品微溶于水、乙醇和丙酮，溶于稀无机酸和沸水，不溶于冷氢氧化钠溶液，加热后可溶[3]。

主要用途：化妆品禁用原料（表 1-299）。

检验方法：GB/T 24800.6。

检测器：DAD，MS（ESI 源）。

光谱图：

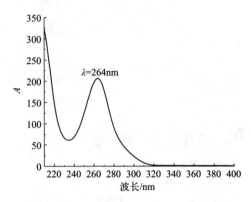

质谱图（ESI⁺）：

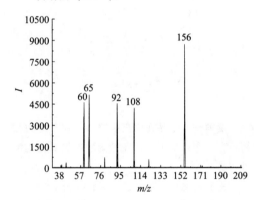

可能的裂解途径：m/z 215＞156（定量离子对），m/z 215＞92。

81. 磺胺甲基异噁唑

sulfamethoxazole

CAS 号：723-46-6。

结构式、分子式、分子量：

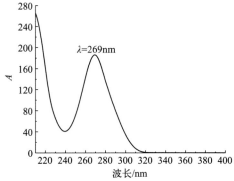

分子式：$C_{10}H_{11}N_3O_3S$

分子量：253.28

溶解性：本品难溶于水，易溶于稀盐酸、氢氧化钠溶液或氨试液中[3]。

主要用途：化妆品禁用原料（表1-299）。

检验方法：化妆品安全技术规范2.35，GB/T 24800.6。

检测器：DAD，MS（ESI源）。

光谱图：

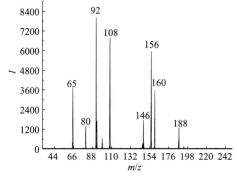

质谱图（ESI+）：

可能的裂解途径：m/z 254＞92（定量离子对），m/z 254＞156。

82. 磺胺甲嘧啶

sulfamerazine

CAS号：127-79-7。

结构式、分子式、分子量：

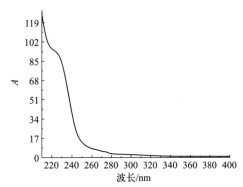

分子式：$C_{11}H_{12}N_4O_2S$

分子量：264.30

溶解性：本品微溶于水、乙醇和丙酮，易溶于稀无机酸、氢氧化钠溶液或氨水[3]。

主要用途：化妆品禁用原料（表1-299）。

检验方法：化妆品安全技术规范2.35，GB/T 24800.6。

检测器：DAD，MS（ESI源）。

光谱图：

质谱图（ESI+）：

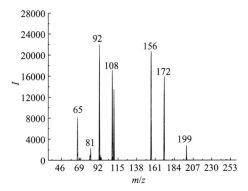

可能的裂解途径：m/z 265＞92（定量离子对），m/z 265＞156。

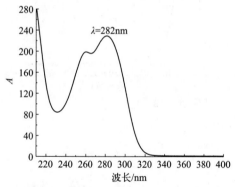

83. 磺胺甲噻二唑

sulfamethadiazole

CAS 号：144-82-1。

结构式、分子式、分子量：

分子式：$C_9H_{10}N_4O_2S_2$

分子量：270.33

溶解性：本品可溶于甲醇-水（1：1，体积比）[16]。

主要用途：化妆品禁用原料（表1-299）。

检验方法：化妆品安全技术规范 2.35，GB/T 24800.6。

检测器：DAD，MS（ESI 源）。

光谱图：

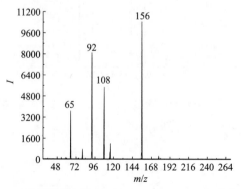

质谱图（ESI+）：

可能的裂解途径：m/z 271＞156（定量离子对），m/z 271＞92。

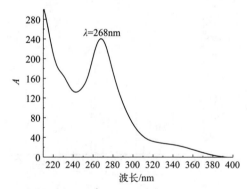

84. 磺胺甲氧哒嗪

sulfamethoxypyridazine

CAS 号：80-35-3。

结构式、分子式、分子量：

分子式：$C_{11}H_{12}N_4O_3S$

分子量：280.30

溶解性：本品不溶于冷水，稍溶于沸水[3]。

主要用途：化妆品禁用原料（表1-299）。

检验方法：化妆品安全技术规范 2.35，GB/T 24800.6。

检测器：DAD，MS（ESI 源）。

光谱图：

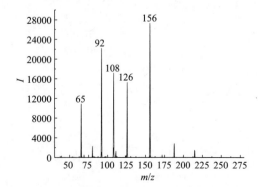

质谱图（ESI+）：

可能的裂解途径：m/z 281＞156（定量离子对），m/z 281＞92。

可能的裂解途径：m/z 281＞156（定量离子对），m/z 281＞92。

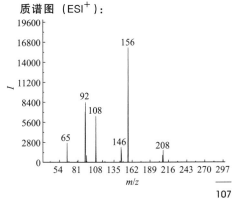

85. 磺胺间甲氧嘧啶

sulfamonomethoxine

CAS 号：1220-83-3。

结构式、分子式、分子量：

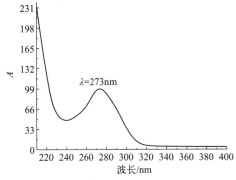

分子式：$C_{11}H_{12}N_4O_3S$

分子量：280.30

溶解性： 本品不溶于纯水，易溶于碱性水溶液，略溶于丙酮，微溶于乙醇[17]。

主要用途： 化妆品禁用原料（表 1-299）。

检验方法： 化妆品安全技术规范 2.35，GB/T 24800.6。

检测器： DAD，MS（ESI 源）。

光谱图：

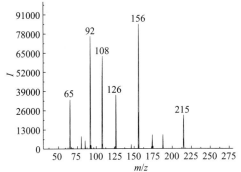

86. 磺胺喹噁啉

sulfaquinoxaline

CAS 号：59-40-5。

结构式、分子式、分子量：

分子式：$C_{14}H_{12}N_4O_2S$

分子量：300.34

溶解性： 本品不溶于纯水，易溶于碱性水溶液，乙醇 73mg/100mL，丙酮 430mg/100mL[17]。

主要用途： 化妆品禁用原料（表 1-299）。

检验方法： 化妆品安全技术规范 2.35，GB/T 24800.6。

检测器： DAD，MS（ESI 源）。

光谱图：

可能的裂解途径：m/z 301＞156（定量离子对），m/z 301＞92。

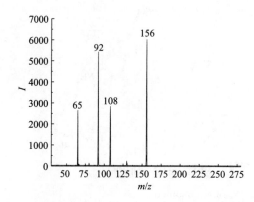

质谱图（ESI$^+$）：

可能的裂解途径：m/z 285＞156（定量离子对），m/z 285＞92。

87. 磺胺氯哒嗪

sulfachloropyridazine

CAS 号：80-32-0。

结构式、分子式、分子量：

分子式：$C_{10}H_9ClN_4O_2S$

分子量：284.72

溶解性：本品可溶于甲醇[1]。

主要用途：化妆品禁用原料（表 1-299）。

检验方法：化妆品安全技术规范 2.35，GB/T 24800.6。

检测器：DAD，MS（ESI 源）。

光谱图：

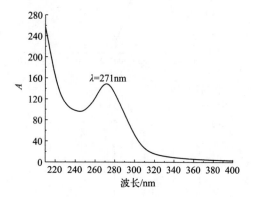

$\lambda = 271\text{nm}$

88. 磺胺嘧啶

sulfadiazine

CAS 号：68-35-9。

结构式、分子式、分子量：

分子式：$C_{10}H_{10}N_4O_2S$

分子量：250.277

溶解性：本品在乙醇或丙酮中微溶，在水中几乎不溶，在氢氧化钠试液或氨试液中易溶，在稀盐酸中溶解[2]。

主要用途：化妆品禁用原料（表 1-299）。

检验方法：化妆品安全技术规范 2.35，GB/T 24800.6。

检测器：DAD，MS（ESI 源）。

光谱图:

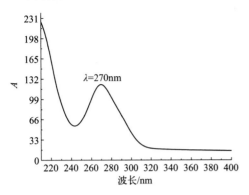

质谱图(ESI⁺):

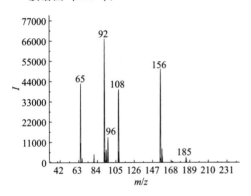

可能的裂解途径:m/z 251>92(定量离子对),m/z 251>156。

pH=6 时,26℃为 60,37℃为 100,pH=7.6时,37℃为 235。乙醇中溶解度:26℃为 52,溶于丙酮、稀矿酸、氢氧化钾和氢氧化钠溶液及氨水[4]。

主要用途:化妆品禁用原料(表 1-299)。

检验方法:化妆品安全技术规范 2.35,GB/T 24800.6。

检测器:DAD,MS(ESI 源)。

光谱图:

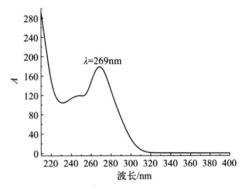

质谱图(ESI⁺):

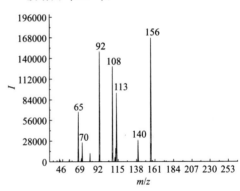

可能的裂解途径:m/z 256>156(定量离子对),m/z 256>92。

89. 磺胺噻唑

sulfathiazole

CAS 号:72-14-0。

结构式、分子式、分子量:

分子式:$C_9H_9N_3O_2S_2$
分子量:255.32

溶解性:本品在水中溶解度(mg/100mL):

90. 磺胺硝苯

sulfanitran

CAS 号:122-16-7。

结构式、分子式、分子量：

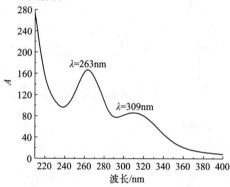

分子式：$C_{14}H_{13}N_3O_5S$
分子量：335.34

溶解性：本品易溶于酸性溶液和乙腈、乙酸乙酯、甲醇等极性有机溶剂[18]。

主要用途：化妆品禁用原料（表 1-299）。

检验方法：化妆品安全技术规范 2.35，GB/T 24800.6。

检测器：DAD，MS（ESI 源）。

光谱图：

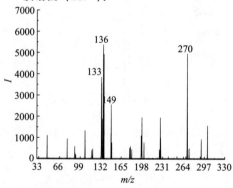

质谱图（ESI⁻）：

可能的裂解途径：m/z 334＞136（定量离子对），m/z 334＞270。

91. 黄体酮

progesterone

CAS 号：57-83-0。

结构式、分子式、分子量：

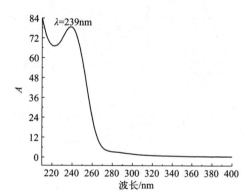

分子式：$C_{21}H_{30}O_2$
分子量：314.46

溶解性：本品在三氯甲烷中极易溶解，在乙醇、乙醚或植物油中溶解，在水中不溶[2]。

主要用途：化妆品禁用原料（表 1-1280）。

检验方法：化妆品安全技术规范 2.4，化妆品安全技术规范 2.5，化妆品安全技术规范 2.34，GB/T 34918。

检测器：DAD，MS（ESI 源）。

光谱图：

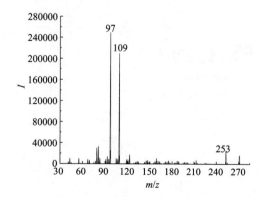

质谱图（ESI⁺）：

可能的裂解途径：m/z 315＞97（定量离子对），m/z 315＞109。

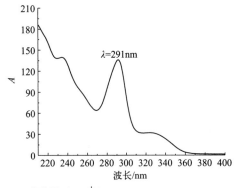

m/z 315 → *m/z* 109

m/z 97

92. 灰黄霉素

griseofulvin

CAS 号：126-07-8

结构式、分子式、分子量：

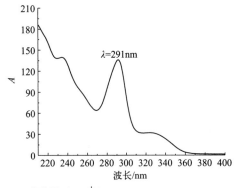

分子式：C$_{17}$H$_{17}$ClO$_6$

分子量：352.77

溶解性：本品在 *N*,*N*-二甲基甲酰胺中易溶，在无水乙醇中微溶，在水中极微溶解[2]。

主要用途：化妆品禁用原料（表 1-299）。

检验方法：化妆品安全技术规范 2.35。

检测器：DAD，MS（ESI 源）。

光谱图：

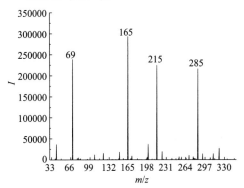

$\lambda=291\text{nm}$

质谱图（ESI$^+$）：

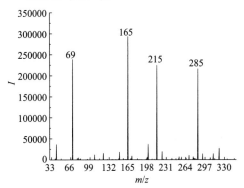

可能的裂解途径：*m/z* 353＞165（定量离子对），*m/z* 353＞215。

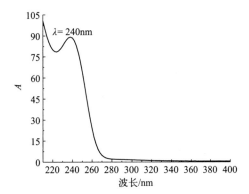

m/z 353 → *m/z* 215

m/z 165

93. 己酸羟孕酮

hydroxyprogesterone caproate

CAS 号：630-56-8。

结构式、分子式、分子量：

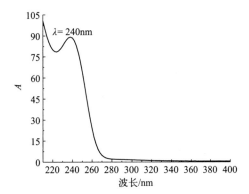

分子式：C$_{27}$H$_{40}$O$_4$

分子量：428.60

溶解性：本品在乙醇、丙酮或乙醚中易溶，在茶油或蓖麻油中略溶，在水中不溶[2]。

主要用途：化妆品禁用原料（表 1-1280）。

检验方法：化妆品安全技术规范 2.34，SN/T 2533。

检测器：DAD，MS（ESI 源）。

光谱图：

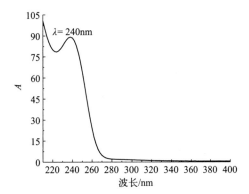

$\lambda=240\text{nm}$

质谱图（ESI$^+$）：

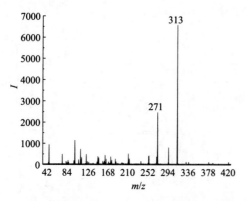

光谱图：

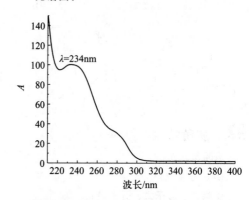

可能的裂解途径：m/z 329＞313（定量离子对），m/z 329＞271。

质谱图（ESI$^-$）：

可能的裂解途径：m/z 267＞251（定量离子对），m/z 267＞237。

94. 己烯雌酚

diethystibestrol

CAS 号：56-53-1。

结构式、分子式、分子量：

分子式：$C_{18}H_{20}O_2$

分子量：268.35

溶解性：本品在甲醇中易溶，在乙醇、乙醚或脂肪油中溶解，在三氯甲烷中微溶，在水中几乎不溶，在稀氢氧化钠中溶解[2]。

主要用途：化妆品禁用原料（表 1-1280）。

检验方法：化妆品安全技术规范 2.4，化妆品安全技术规范 2.34，GB/T 34918。

检测器：DAD，MS（ESI 源）。

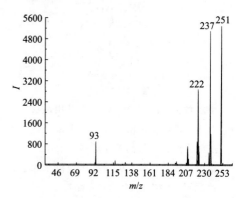

95. 甲苯-3，4-二胺

3,4-diaminotoluene

CAS 号：496-72-0。

结构式、分子式、分子量：

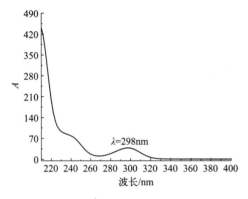

分子式：$C_7H_{10}N_2$

分子量：122.17

溶解性： 本品可溶于无水乙醇-2g/L 亚硫酸氢钠溶液（1∶1，体积比）[1]。

主要用途： 化妆品禁用原料（表 1-1214）。

检验方法： 化妆品安全技术规范 7.2。

检测器： DAD，MS（ESI 源）。

光谱图：

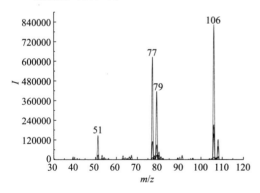

质谱图（ESI⁺）：

可能的裂解途径： m/z 123＞106（定量离子对），m/z 123＞77。

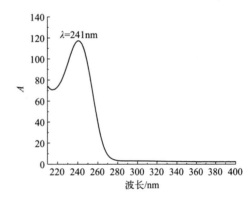

96. 甲基睾丸酮

methyltestosterone

CAS 号： 58-18-4。

结构式、分子式、分子量：

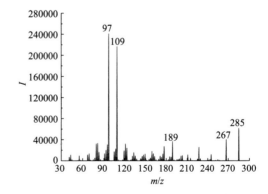

分子式：$C_{20}H_{30}O_2$

分子量：302.45

溶解性： 本品在乙醇、丙酮或三氯甲烷中易溶，在乙醚中略溶，在植物油中微溶，在水中不溶[2]。

主要用途： 化妆品禁用原料（表 1-1280）。

检验方法： 化妆品安全技术规范 2.4，化妆品安全技术规范 2.34，GB/T 34918。

检测器： DAD，FLD，MS（ESI 源）。

光谱图：

质谱图（ESI⁺）：

可能的裂解途径： m/z 303＞97（定量离子对），m/z 303＞109。

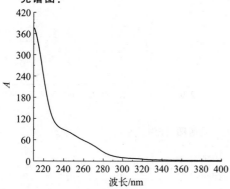

可能的裂解途径：m/z 375＞185（定量离子对），m/z 375＞339。

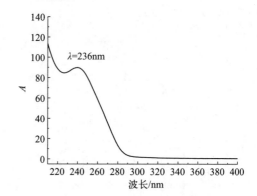

97. 甲基泼尼松龙

methylprednisolone

CAS 号：83-43-2。

结构式、分子式、分子量：

分子式：$C_{22}H_{30}O_5$

分子量：374.47

溶解性：本品易溶于乙腈[1]。

主要用途：化妆品禁用原料（表 1-1280）。

检验方法：化妆品安全技术规范 2.34，GB/T 24800.2，SN/T 2533。

检测器：DAD，MS（ESI 源）。

光谱图：

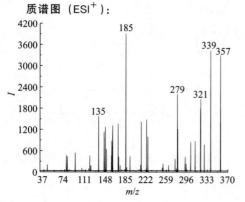

质谱图（ESI⁺）：

98. 甲基泼尼松龙醋酸酯

methylprednisolone 21-acetate

CAS 号：53-36-1。

结构式、分子式、分子量：

分子式：$C_{24}H_{32}O_6$

分子量：416.51

溶解性：本品可溶于乙腈[1]。

主要用途：化妆品禁用原料（表 1-1280）。

检验方法：化妆品安全技术规范 2.34，GB/T 24800.2。

检测器：DAD，MS（ESI 源）。

光谱图：

质谱图（ESI⁺）：

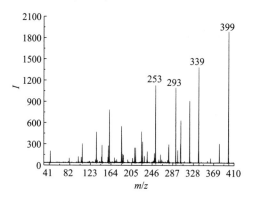

可能的裂解途径：m/z 417＞399（定量离子对），m/z 417＞339。

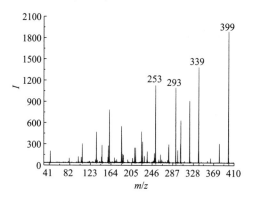

m/z 417

m/z 399 m/z 339

99. 7-甲基香豆素

7-methylcoumarin

CAS 号：2445-83-2。

结构式、分子式、分子量：

分子式：$C_{10}H_8O_2$
分子量：160.17

溶解性：本品易溶于极性溶剂[7]。

主要用途：化妆品禁用原料（表 1-252）。

检验方法：GB/T 35798。

检测器：DAD，MS（ESI 源）。

光谱图：

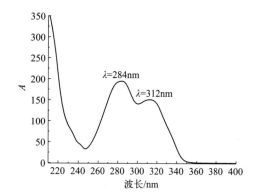

质谱图（ESI⁺）：

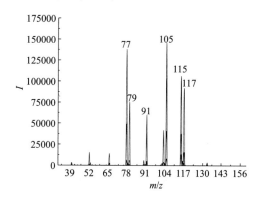

可能的裂解途径：m/z 161＞105（定量离子对），m/z 161＞77。

m/z 161 m/z 105 m/z 77

100. 7-甲氧基香豆素

7-methoxycoumarin

CAS 号：531-59-9。

结构式、分子式、分子量：

分子式：$C_{10}H_8O_3$
分子量：176.17

溶解性：本品易溶于极性溶剂[7]。

主要用途：化妆品禁用原料（表 1-251）。

检验方法：化妆品安全技术规范 2.36，GB/T 35798。

检测器：DAD，MS（ESI 源）。

光谱图：

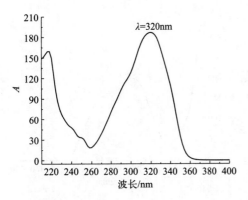

质谱图（ESI⁺）：

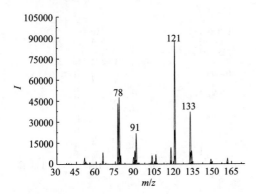

可能的裂解途径：m/z 177＞121（定量离子对），m/z 177＞133。

检验方法：化妆品安全技术规范 2.7、GB/T 30935。

检测器：DAD，MS（ESI 源）。

光谱图：

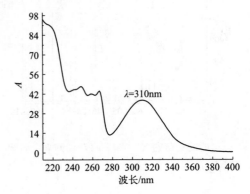

质谱图（ESI⁺）：

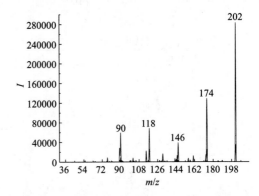

可能的裂解途径：m/z 217＞202（定量离子对），m/z 217＞174。

101. 5-甲氧基补骨脂素

5-methoxypsoralen

CAS 号：484-20-8。

结构式、分子式、分子量：

分子式：$C_{12}H_8O_4$
分子量：216.19

溶解性：本品易溶于醇、醚、苯，微溶于石油醚[17]。

主要用途：化妆品禁用原料（表 1-666）。

102. 8-甲氧基补骨脂素

8-methoxypsoralen

CAS 号：298-81-7。

结构式、分子式、分子量：

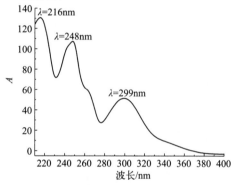

分子式：$C_{12}H_8O_4$
分子量：216.19

溶解性：本品易溶于氯仿，溶于沸乙醇、丙酮、乙酸、植物固定油、丙二醇、苯，微溶于沸水、液体石蜡、乙醚，几乎不溶于冷水[4]。

主要用途：化妆品禁用原料（表1-666）。

检验方法：化妆品安全技术规范2.7、GB/T 30935

检测器：DAD，MS（ESI源）。

光谱图：

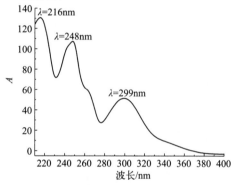

质谱图（ESI+）：

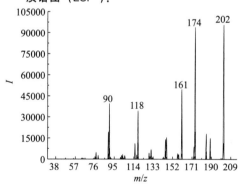

可能的裂解途径：m/z 217＞202（定量离子对），m/z 217＞174。

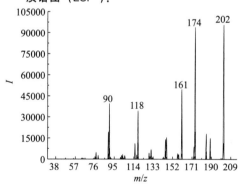

m/z 217

m/z 202　　　m/z 174

103. 甲硝唑

metronidazole

CAS号：443-48-1

结构式、分子式、分子量：

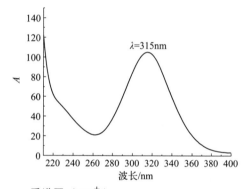

分子式：$C_6H_9N_3O_3$
分子量：171.15

溶解性：本品在乙醇中略溶，在水中微溶，在乙醚中极微溶解[2]。

主要用途：化妆品禁用原料（表1-299）。

检验方法：化妆品安全技术规范2.35，GB/T 30937，GB/T 40191。

检测器：DAD，MS（ESI源）。

光谱图：

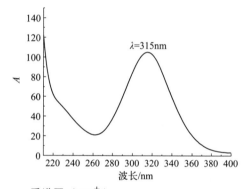

质谱图（ESI+）：

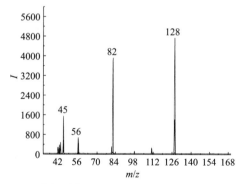

可能的裂解途径：m/z 172＞128（定量离子对），m/z 172＞82。

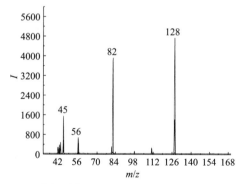

m/z 172　　　m/z 128　　　m/z 82

104. 间苯二胺

m-phenylenediamine

CAS 号：108-45-2。

结构式、分子式、分子量：

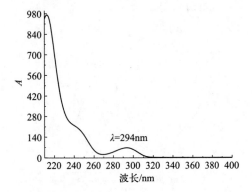

分子式：$C_6H_8N_2$

分子量：108.14

溶解性：本品溶于水和乙醇，较少溶于乙醚和苯[3]。

主要用途：化妆品禁用原料（表 1-917）。

检验方法：化妆品安全技术规范 7.2，GB/T 24800.12，GB/T 35824。

检测器：DAD，MS（ESI 源）。

光谱图：

質谱图（ESI+）：

可能的裂解途径：*m/z* 109＞65（定量离子对），*m/z* 109＞92。

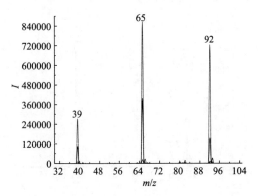

105. 金霉素

chlortetracycline

CAS 号：57-62-5。

结构式、分子式、分子量：

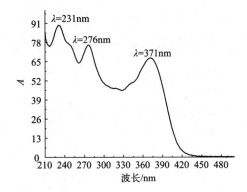

分子式：$C_{22}H_{23}ClN_2O_8$

分子量：478.88

溶解性：本品微溶于水和乙醇，不溶于丙酮、乙醚和氯仿[3]。

主要用途：化妆品禁用原料（表 1-299）。

检验方法：化妆品安全技术规范 2.35，GB/T 24800.1，SN/T 3897。

检测器：DAD，MS（ESI 源）。

光谱图：

質谱图（ESI+）：

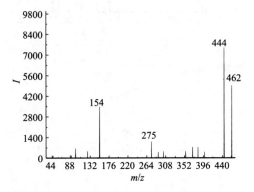

可能的裂解途径：*m/z* 479＞444（定量离子对），*m/z* 479＞462。

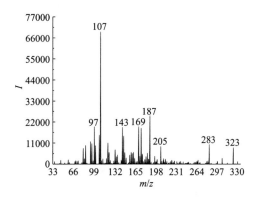

质谱图（ESI$^+$）：

可能的裂解途径：m/z 341＞107（定量离子对），m/z 341＞187。

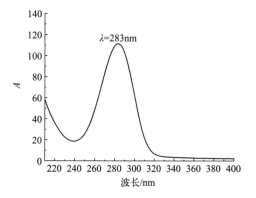

m/z 341

m/z 187 → *m/z* 107

106. 坎利酮

canrenone

CAS 号：976-71-6。

结构式、分子式、分子量：

分子式：$C_{22}H_{28}O_3$
分子量：340.46

溶解性：本品溶于甲醇和乙腈[19]。

主要用途：化妆品禁用原料（表 1-1280）。

检验方法：化妆品安全技术规范 2.5。

检测器：DAD，MS（ESI 源）。

光谱图：

λ=283nm

波长/nm

107. 可的松

cortisone

CAS 号：53-06-5。

结构式、分子式、分子量：

分子式：$C_{21}H_{28}O_5$
分子量：360.44

溶解性：本品易溶于乙腈[1]。

主要用途：化妆品禁用原料（表 1-1280）。

检验方法：化妆品安全技术规范 2.34，GB/T 24800.2。

检测器：DAD，MS（ESI 源）。

光谱图：

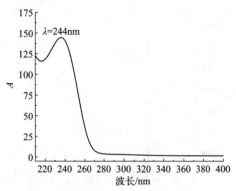

λ=244nm

波长/nm

质谱图（ESI⁺）：

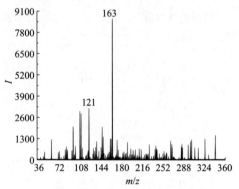

m/z

可能的裂解途径：m/z 361＞163（定量离子对），m/z 361＞121。

108. 可的松醋酸酯

cortisone 21-acetate

CAS 号：50-04-4。

结构式、分子式、分子量：

分子式：$C_{23}H_{30}O_6$

分子量：402.48

溶解性：本品在三氯甲烷中易溶，在丙酮或二氧六环中略溶，在乙醇或乙醚中微溶，在水中不溶[2]。

主要用途：化妆品禁用原料（表 1-1280）。

检验方法：化妆品安全技术规范 2.34，GB/T 24800.2，SN/T 2533。

检测器：DAD，MS（ESI 源）。

光谱图：

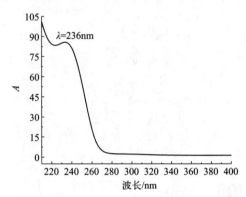

λ=236nm

波长/nm

质谱图（ESI⁺）：

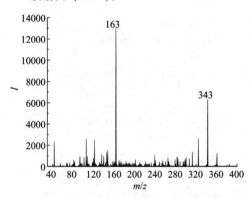

m/z

可能的裂解途径：m/z 403＞163（定量离子对），m/z 403＞343。

109. 克拉霉素

clarithromycin

CAS 号：81103-11-9。

结构式、分子式、分子量：

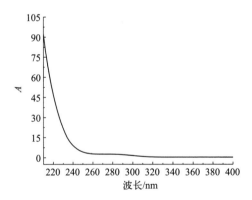

分子式：$C_{38}H_{69}NO_{13}$
分子量：747.95

溶解性：本品在丙酮或乙酸乙酯中溶解，在甲醇或乙醇中微溶，在水中不溶[2]。

主要用途：化妆品禁用原料（表1-299）。

检验方法：化妆品安全技术规范2.35，GB/T 35951。

检测器：DAD，MS（ESI 源）。

光谱图：

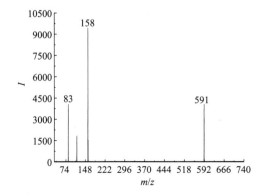

质谱图（ESI+）：

可能的裂解途径：m/z 748＞158（定量离子对），m/z 748＞591。

m/z 748

m/z 591

m/z 158

110. 克林霉素磷酸酯

clindamycin phosphate

CAS 号：24729-96-2。

结构式、分子式、分子量：

分子式：$C_{18}H_{34}ClN_2O_8PS$
分子量：504.96

溶解性：本品易溶于水，微溶于甲醇，几乎不溶于乙醇、丙酮[2]。

主要用途：化妆品禁用原料（表1-299）。

检验方法：化妆品安全技术规范2.35。

检测器：DAD，MS（ESI 源）。

光谱图：

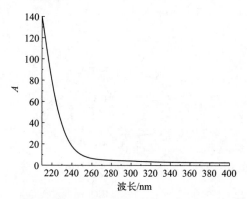

质谱图（ESI⁺）：

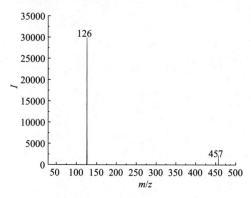

可能的裂解途径：m/z 505＞126（定量离子对），m/z 505＞457。

结构式、分子式、分子量：

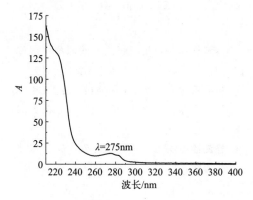

分子式：$C_{19}H_{26}O_4S$
分子量：350.47

溶解性：本品不溶于水，可溶于丙酮、苯、乙醇和甲醇等有机溶剂[3]。

主要用途：化妆品禁用原料（表 1-1065）。

检验方法：GB/T 35826，GB/T 39665。

检测器：DAD，MS（ESI 源，EI 源）。

光谱图：

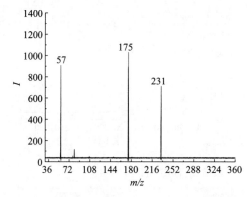

质谱图（ESI⁺）：

可能的裂解途径：m/z 368＞175（定量离子对），m/z 368＞231。

111. 克螨特

propargite

CAS 号：2312-35-8。

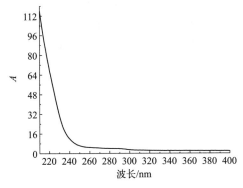

m/z 231 → m/z 175

可能的裂解途径：m/z 277＞165（定量离子对），m/z 277＞241。

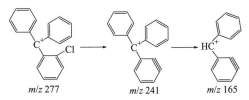

m/z 277   m/z 241   m/z 165

112. 克霉唑

clotrimazole

CAS 号：23593-75-1

结构式、分子式、分子量：

分子式：$C_{22}H_{17}ClN_2$

分子量：344.84

溶解性：本品在甲醇中易溶，在乙醇或丙酮中溶解，在水中几乎不溶[2]。

主要用途：化妆品禁用原料（表 1-299）。

检验方法：化妆品安全技术规范 2.35，GB/T 35801，GB/T 40901。

检测器：DAD，MS（ESI 源）。

光谱图：

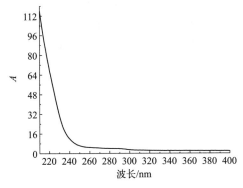

波长/nm

质谱图（ESI⁺）：

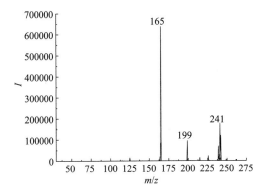

113. 拉坦前列素

latanoprost

CAS 号：130209-82-4。

结构式、分子式、分子量：

分子式：$C_{26}H_{40}O_5$

分子量：432.59

溶解性：本品可溶于甲醇[5]。

主要用途：化妆品禁用原料（表 1-1287）。

检验方法：BJH 202102。

检测器：DAD，MS（ESI 源）。

光谱图：

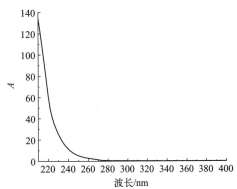

波长/nm

质谱图（ESI⁺）：

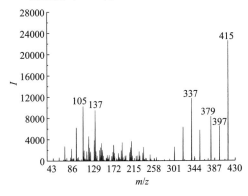

m/z

可能的裂解途径：m/z 433＞415（定量离子对），m/z 433＞337

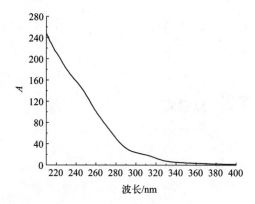

m/z 433

m/z 415

m/z 337

114. 乐杀螨

binapacryl

CAS 号：485-31-4。

结构式、分子式、分子量：

分子式：$C_{15}H_{18}N_2O_6$
分子量：322.31

溶解性：本品溶于大多数有机溶剂，几乎不溶于水[4]。

主要用途：化妆品禁用原料（表1-350）。

检验方法：GB/T 35826。

检测器：DAD，MS（EI 源）。

光谱图：

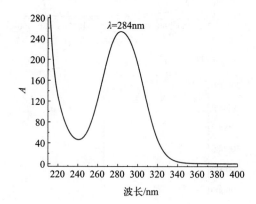

115. 联苯胺

benzidine

CAS 号：92-87-5。

结构式、分子式、分子量：

分子式：$C_{12}H_{12}N_2$
分子量：184.24

溶解性：1g 本品溶于 5mL 沸乙醇、50mL 乙醚、107mL 沸水、2500mL 冷水[4]。

主要用途：化妆品禁用原料（表1-329）。

检验方法：化妆品安全技术规范 2.9，GB/T 30930。

检测器：DAD，MS（ESI 源，EI 源）。

光谱图：

λ=284nm

波长/nm

质谱图（ESI+）：

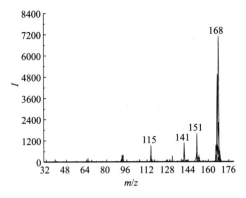

可能的裂解途径：m/z 185＞168（定量离子对），m/z 185＞151。

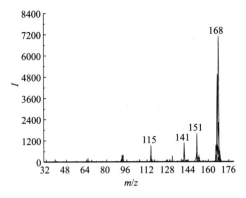

116. 联苯苄唑

bifonazole

CAS 号： 60628-96-8

结构式、分子式、分子量：

分子式： $C_{22}H_{18}N_2$
分子量： 310.39

溶解性： 本品在甲醇或无水乙醇中略溶，在水中几乎不溶[2]。

主要用途： 化妆品禁用原料（表 1-299）。

检验方法： 化妆品安全技术规范 2.35，GB/T 40901。

检测器： DAD，MS（ESI 源）。

光谱图：

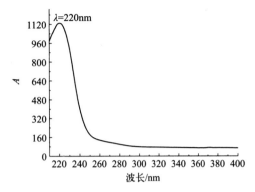

质谱图（ESI+）：

可能的裂解途径：m/z 311＞243（定量离子对），m/z 311＞165。

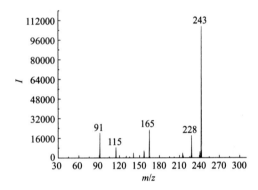

117. 邻氨基苯酚

o-aminophenol

CAS 号： 95-55-6。

结构式、分子式、分子量：

分子式： C_6H_7NO
分子量： 109.13

溶解性：本品 1g 溶于 50mL 冷水、23mL 乙醇，易溶于乙醚，极微溶于苯[4]。

主要用途：化妆品禁用原料（表 1-105）。

检验方法：化妆品安全技术规范 7.2，GB/T 35824。

检测器：DAD，MS（ESI 源）。

光谱图：

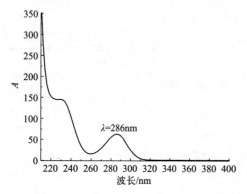

质谱图（ESI$^+$）：

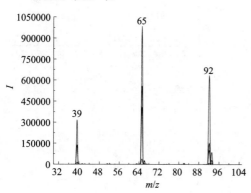

可能的裂解途径：m/z 110＞65（定量离子对），m/z 110＞92。

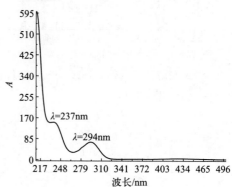

118. 邻苯二胺

o-phenylenediamine

CAS 号：95-54-5。

结构式、分子式、分子量：

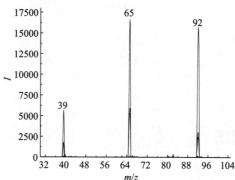

分子式：$C_6H_8N_2$
分子量：108.14

溶解性：本品微溶于冷水，较多溶于热水，易溶于乙醇、氯仿和乙醚[3]。

主要用途：化妆品禁用原料（表 1-992）。

检验方法：化妆品安全技术规范 7.1，化妆品安全技术规范 7.2，GB/T 24800.12，GB/T 35824。

检测器：DAD，MS（ESI 源）。

光谱图：

质谱图（ESI$^+$）：

可能的裂解途径：m/z 109＞65（定量离子对），m/z 109＞92

119. 邻苯二酚

pyrocatechol

CAS 号：120-80-9。

结构式、分子式、分子量：

分子式：$C_6H_6O_2$
分子量：110.11

溶解性：本品溶于水、乙醇、乙醚和氯

仿，微溶于苯[3]。

主要用途：化妆品禁用原料（表 1-1075）。

检验方法：暂无色谱和质谱的化妆品检测标准方法。

检测器：DAD，MS（ESI 源）。

光谱图：

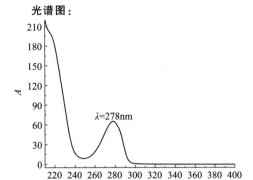

质谱图（ESI+）：

可能的裂解途径：m/z 111＞69（定量离子对），m/z 111＞93。

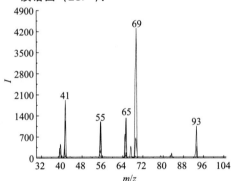

120. 邻苯二甲酸丁基苄酯

benzyl butyl phthalate

CAS 号：85-68-7。

结构式、分子式、分子量：

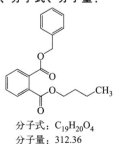

分子式：$C_{19}H_{20}O_4$

分子量：312.36

溶解性：本品溶于绝大多数有机试剂如芳烃、酯、醚、卤代烃等，不溶于水[17]。

主要用途：化妆品禁用原料（表 1-345）。

检验方法：GB/T 28599，SN/T 4902。

检测器：DAD，FID，MS（ESI 源，EI 源）。

光谱图：

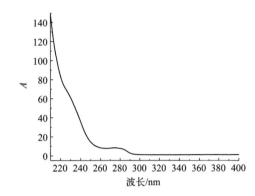

质谱图（ESI+）：

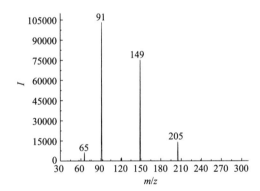

可能的裂解途径：m/z 313＞91（定量离子对），m/z 313＞149。

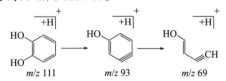

121. 邻苯二甲酸二正丁酯

dibutyl phthalate

CAS 号：84-74-2。

结构式、分子式、分子量：

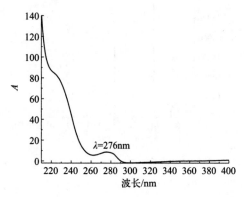

分子式：$C_{16}H_{22}O_4$
分子量：278.34

溶解性：本品不溶于水，溶于乙醇、乙醚等有机试剂[3]。

主要用途：化妆品禁用原料（表 1-464）。

检验方法：化妆品安全技术规范 2.30，化妆品安全技术规范 2.31，GB/T 28599，SN/T 4902。

检测器：DAD，FID，MS（ESI 源，EI 源）。

光谱图：

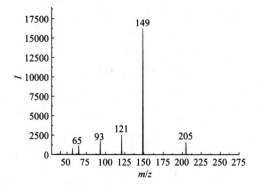

质谱图（ESI$^+$）：

可能的裂解途径：m/z 279＞149（定量离子对），m/z 279＞121。

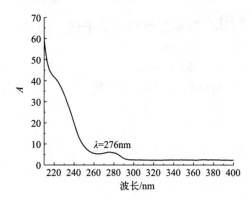

122. 邻苯二甲酸二正戊酯

di-*n*-amyl phthalate

CAS 号：131-18-0。

结构式、分子式、分子量：

分子式：$C_{18}H_{26}O_4$
分子量：306.40

溶解性：本品能与乙醇、乙醚混溶，微溶于水[4]。

主要用途：化妆品禁用原料（表 1-14）。

检验方法：化妆品安全技术规范 2.30，化妆品安全技术规范 2.31，GB/T 28599。

检测器：DAD，FID，MS（ESI 源，EI 源）。

光谱图：

质谱图（ESI⁺）：

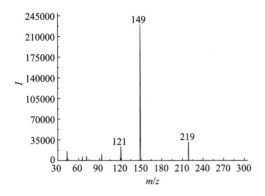

可能的裂解途径：m/z 307＞149（定量离子对），m/z 307＞219。

光谱图：

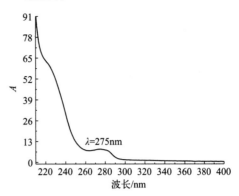

质谱图（ESI⁺）：

可能的裂解途径：m/z 283＞207（定量离子对），m/z 283＞59。

123. 邻苯二甲酸二（2-甲氧乙基）酯

bis（2-methoxyethyl）phthalate

CAS 号：117-82-8。

结构式、分子式、分子量：

分子式：$C_{14}H_{18}O_6$
分子量：282.29

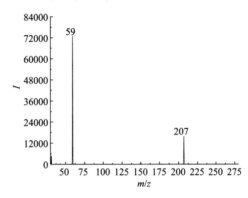

溶解性：本品能与乙醇、丙酮、石油醚和油类等多种有机溶剂混溶，微溶于甘油、乙二醇和某些胺类[4]。

主要用途：化妆品禁用原料（表 1-354）。

检验方法：化妆品安全技术规范 2.31，GB/T 28599，SN/T 4902。

检测器：DAD，FID，MS（ESI 源，EI 源）。

124. 邻苯二甲酸二（2-乙基己基）酯

bis（2-ethylhexyl）phthalate

CAS 号：117-81-7。

结构式、分子式、分子量：

分子式：$C_{24}H_{38}O_4$
分子量：390.56

溶解性：本品溶于脂肪烃、芳香烃和大多数有机试剂，微溶于甘油、乙二醇和一些胺类，不溶于水[4]。

主要用途：化妆品禁用原料（表1-353）。

检验方法：化妆品安全技术规范2.30，化妆品安全技术规范2.31，GB/T 28599，SN/T 4902。

检测器：DAD，FID，MS（ESI源，EI源）。

光谱图：

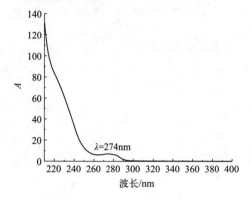

质谱图（ESI$^+$）：

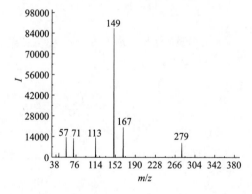

可能的裂解途径：m/z 391>149（定量离子对），m/z 391>167。

125. 邻苯二甲酸二异戊酯

diisoamyl phthalate

CAS号：605-50-5。

结构式、分子式、分子量：

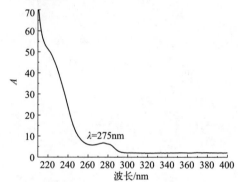

分子式：$C_{18}H_{26}O_4$

分子量：306.40

溶解性：本品乙醚等有机溶剂，不溶于水[4]。

主要用途：化妆品禁用原料（表1-14）。

检验方法：化妆品安全技术规范2.31，GB/T 28599，SN/T 4902。

检测器：DAD，FID，MS（ESI源，EI源）。

光谱图：

质谱图（ESI$^+$）：

可能的裂解途径：m/z 307>149（定量离子对），m/z 307>71。

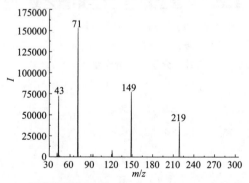

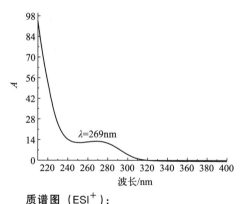

m/z 149 m/z 77

126. 林可霉素

lincomycin

CAS 号：154-21-2

结构式、分子式、分子量：

分子式：$C_{18}H_{34}N_2O_6S$

分子量：406.54

溶解性：本品其盐酸盐在水或甲醇中易溶，在乙醇中略溶[2]。

主要用途：化妆品禁用原料（表 1-299）。

检验方法：化妆品安全技术规范 2.35，GB/T 41710。

检测器：DAD，MS（ESI 源）。

光谱图：

λ=269nm

波长/nm

质谱图（ESI$^+$）：

126

359 389

m/z

可能的裂解途径：m/z 407＞126（定量离子对），m/z 407＞359。

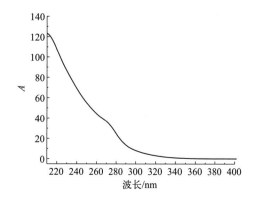

m/z 407

m/z 359 m/z 126

127. 硫柳汞

thimerosal

CAS 号：54-64-8。

结构式、分子式、分子量：

分子式：$C_9H_9HgNaO_2S$

分子量：404.81

溶解性：1g 本品溶于约 1mL 水、约 8mL 乙醇，几乎不溶于乙醚和苯[4]。

主要用途：化妆品禁用原料（表 1-888）。

检验方法：化妆品安全技术规范 4.2，GB/T 35946。

检测器：DAD，MS（ESI 源）。

光谱图：

波长/nm

质谱图（ESI⁻）：

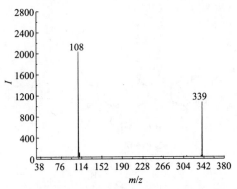

可能的裂解途径：m/z 383＞108（定量离子对），m/z 383＞339。

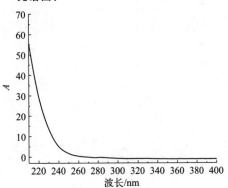

m/z 383

m/z 339 　　 m/z 108

128. 硫酸二甲酯

dimethyl sulfate

CAS 号： 77-78-1。

结构式、分子式、分子量：

分子式：$C_2H_6O_4S$

分子量：126.13

溶解性： 本品不溶于水，溶于乙醇、乙醚[3]。

主要用途： 化妆品禁用原料（表 1-478）。

检验方法： GB/T 35771。

检测器： DAD，MS（ESI 源，EI 源）。

光谱图：

质谱图（ESI⁻）：

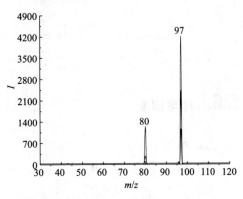

可能的裂解途径：m/z 125＞97（定量离子对），m/z 125＞80。

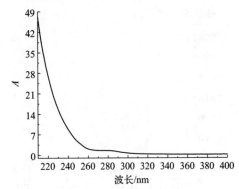

m/z 125 　　 m/z 97 　　 m/z 80

129. 硫酸二乙酯

diethyl sulfate

CAS 号： 64-67-5。

结构式、分子式、分子量：

分子式：$C_4H_{10}O_4S$

分子量：154.18

溶解性： 本品不溶于水，但逐渐被水分解，溶于乙醇、乙醚[3]。

主要用途： 化妆品禁用原料（表 1-472）。

检验方法： GB/T 35771。

检测器： DAD，MS（ESI 源，EI 源）。

光谱图：

质谱图（ESI⁻）：

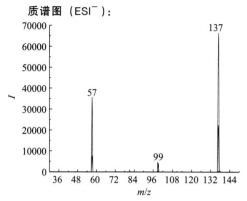

可能的裂解途径：m/z 155＞137（定量离子对），m/z 155＞57。

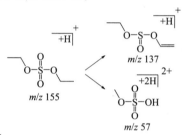

130. 卤美他松

halometasone

CAS 号：50629-82-8。

结构式、分子式、分子量：

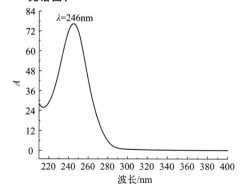

分子式：$C_{22}H_{27}ClF_2O_5$
分子量：444.90

溶解性：本品可溶于乙腈[1]。

主要用途：化妆品禁用原料（表 1-1280）。

检验方法：化妆品安全技术规范 2.34。

检测器：DAD，MS（ESI 源）。

光谱图：

质谱图（ESI⁺）：

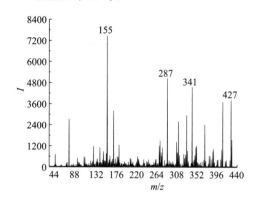

可能的裂解途径：m/z 445＞155（定量离子对），m/z 445＞287。

m/z 445

m/z 287   m/z 155

131. 卤倍他索丙酸酯

halobetasol propionate

CAS 号：66852-54-8。

结构式、分子式、分子量：

分子式：$C_{25}H_{31}ClF_2O_5$
分子量：484.96

溶解性：本品可溶于乙腈[1]。

主要用途：化妆品禁用原料（表 1-1280）。

检验方法：化妆品安全技术规范 2.34，GB/T 40145。

检测器：DAD，MS（ESI 源）。

光谱图：

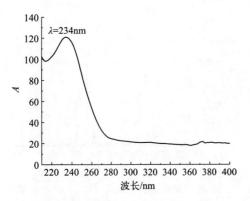

质谱图（ESI$^+$）：

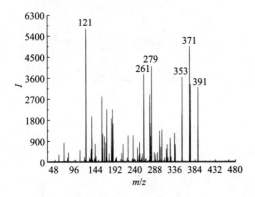

可能的裂解途径：m/z 485＞121（定量离子对），m/z 485＞371。

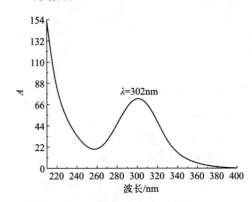

132. 洛硝哒唑

ronidazole

CAS 号：7681-76-7。

结构式、分子式、分子量：

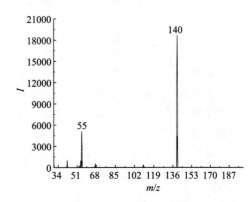

分子式：$C_6H_8N_4O_4$

分子量：200.15

溶解性：本品可溶于甲醇[20]。

主要用途：化妆品禁用原料（表 1-299）。

检验方法：BJH 202202。

检测器：DAD，MS（ESI 源）。

光谱图：

质谱图（ESI$^+$）：

可能的裂解途径：m/z 201＞140（定量离子对），m/z 201＞55。

133. 罗红霉素

roxithromycin

CAS 号：80214-83-1。

结构式、分子式、分子量：

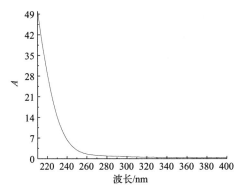

分子式：$C_{41}H_{76}N_2O_{15}$
分子量：837.05

溶解性：本品在乙醇或丙酮中易溶，在甲醇中溶解，在乙腈中略溶，在水中几乎不溶[2]。

主要用途：化妆品禁用原料（表 1-299）。

检验方法：化妆品安全技术规范 2.35，GB/T 35951。

检测器：DAD，MS（ESI 源）。

光谱图：

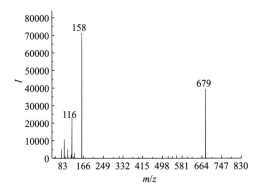

质谱图（ESI[+]）：

可能的裂解途径：m/z 837＞158（定量离子对），m/z 837＞679。

m/z 837

m/z 679　　　m/z 158

134. 螺内酯

spironolactone

CAS 号：52-01-7。

结构式、分子式、分子量：

分子式：$C_{24}H_{32}O_4S$
分子量：416.57

溶解性：本品在三氯甲烷中极易溶解，在苯或乙酸乙酯中易溶，在乙醇中溶解，在水中不溶[2]。

主要用途：化妆品禁用原料（表 1-1143）。

检验方法：化妆品安全技术规范 2.5，化妆品安全技术规范 2.35，GB/T 24800.3。

检测器：DAD，MS（ESI 源）。

光谱图：

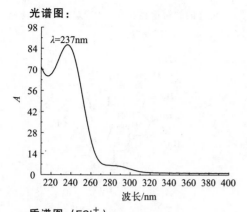

$\lambda = 237\ \text{nm}$

波长/nm

质谱图（ESI$^+$）：

107
97
83 119 143 169 187
283

m/z

可能的裂解途径：m/z 341＞107（定量离子对），m/z 341＞187。

m/z 341

m/z 187 m/z 107

135. 螺旋霉素

spiramycin

CAS 号：8025-81-8。

结构式、分子式、分子量：

分子式：$C_{43}H_{74}N_2O_{14}$
分子量：843.05

溶解性：本品易溶于有机溶剂，微溶于水[21]。
主要用途：化妆品禁用原料（表 1-299）。
检验方法：化妆品安全技术规范 2.35，GB/T 35951。
检测器：DAD，MS（ESI 源）。

光谱图：

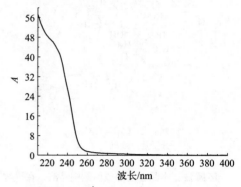

波长/nm

质谱图（ESI$^+$）：

174
142
519

m/z

可能的裂解途径：m/z 843＞174（定量离子对），m/z 843＞142。

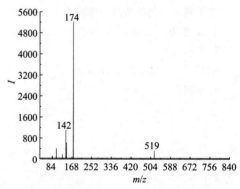

m/z 843

m/z 174 m/z 142

136. 氯倍他松丁酸酯

clobetasone butyrate

CAS 号：25122-57-0。

结构式、分子式、分子量：

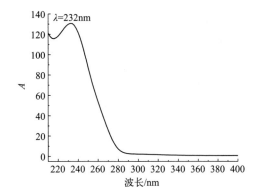

分子式：C$_{26}$H$_{32}$ClFO$_5$

分子量：478.98

溶解性：本品可溶于乙腈[1]。

主要用途：化妆品禁用原料（表 1-1280）。

检验方法：化妆品安全技术规范 2.34，GB/T 24800.2。

检测器：DAD，MS（ESI 源）。

光谱图：

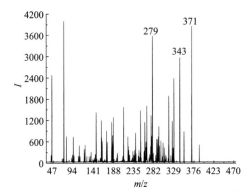

质谱图（ESI$^+$）：

可能的裂解途径：m/z 479＞371（定量离子对），m/z 479＞279。

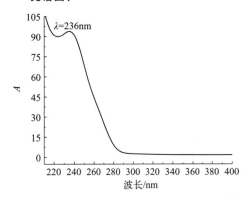

m/z 371

m/z 479

m/z 279

137. 氯倍他索丙酸酯

clobetasol 17-propionate

CAS 号：25122-46-7。

结构式、分子式、分子量：

分子式：C$_{25}$H$_{32}$ClFO$_5$

分子量：466.97

溶解性：本品在三氯甲烷中易溶，在乙酸乙酯中溶解，在甲醇或乙醇中略溶，在水中不溶[2]。

主要用途：化妆品禁用原料（表 1-1280）。

检验方法：化妆品安全技术规范 2.34，GB/T 24800.2。

检测器：DAD，MS（ESI 源）。

光谱图：

质谱图（ESI$^+$）：

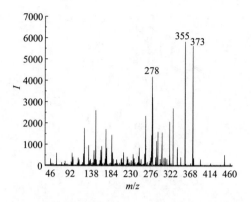

可能的裂解途径：m/z 467＞355（定量离子对），m/z 467＞373。

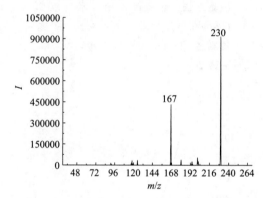

m/z 373

m/z 467

m/z 355

138. 氯苯那敏

dipicrylamine

CAS 号：132-22-9。

结构式、分子式、分子量：

分子式：$C_{16}H_{19}ClN_2$

分子量：274.79

溶解性：本品易溶于水、乙醇、氯仿，微溶于苯和乙醚[3]。

主要用途：化妆品禁用原料（表 1-1279）。

检验方法：化妆品安全技术规范 2.18。

检测器：DAD，MS（ESI 源）。

光谱图：

$\lambda=260nm$

质谱图（ESI$^+$）：

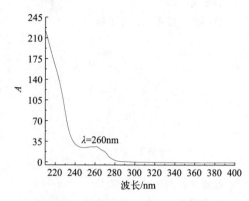

可能的裂解途径：m/z 275＞230（定量离子对），m/z 275＞167。

m/z 275

m/z 230

m/z 167

139. 氯丙嗪

chlorpromazine

CAS 号：50-53-3。

结构式、分子式、分子量：

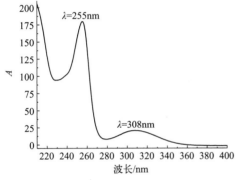

分子式：C$_{17}$H$_{19}$ClN$_2$S

分子量：318.86

溶解性：本品易溶于水，溶于甲醇、乙醇、氯仿，不溶于乙醚、苯[3]。

主要用途：化妆品禁用原料（表1-1279）。

检验方法：化妆品安全技术规范2.18。

检测器：DAD，MS（ESI源）。

光谱图：

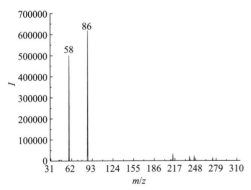

质谱图（ESI$^+$）：

可能的裂解途径：m/z 319＞86（定量离子对），m/z 319＞58。

140. 2-氯对苯二胺硫酸盐

2-chloro-1,4-diaminobenzene sulphate

CAS号：61702-44-1。

结构式、分子式、分子量：

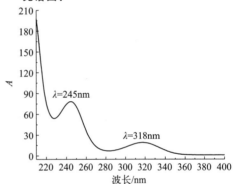

分子式：C$_6$H$_9$ClN$_2$O$_4$S

分子量：240.66

溶解性：本品可溶于无水乙醇-2g/L亚硫酸氢钠溶液（1:1，体积比）[1]。

主要用途：化妆品禁用原料（表1-1263）。

检验方法：化妆品安全技术规范7.2。

检测器：DAD，MS（ESI源）。

光谱图：

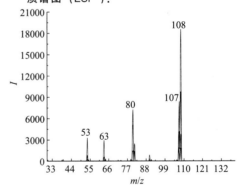

质谱图（ESI$^+$）：

可能的裂解途径：m/z 143＞108（定量离子对），m/z 143＞80。

141. 氯甲硝咪唑

5-chloro-1-methyl-4-nitroimidazole

CAS 号：4897-25-0。

结构式、分子式、分子量：

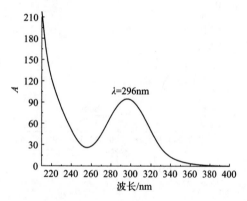

分子式：$C_4H_4ClN_3O_2$

分子量：161.55

溶解性：本品可溶于甲醇[20]。

主要用途：化妆品禁用原料（表1-299）。

检验方法：化妆品安全技术规范2.35，BJH 202202。

检测器：DAD，MS（ESI 源）。

光谱图：

$\lambda=296nm$

质谱图（ESI+）：

可能的裂解途径：m/z 161＞116（定量离子对），m/z 161＞145。

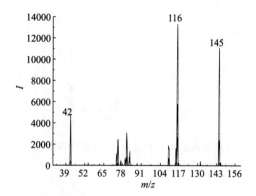

m/z 161

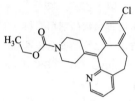

m/z 145 → m/z 116

142. 氯雷他定

loratadine

CAS 号：79794-75-5。

结构式、分子式、分子量：

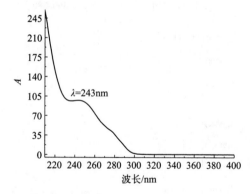

分子式：$C_{22}H_{23}ClN_2O_2$

分子量：382.88

溶解性：本品易溶于甲醇、乙醇或丙酮，几乎不溶于水，在0.1mol/L盐酸溶液中略溶[2]。

主要用途：化妆品禁用原料（表1-1279）。

检验方法：化妆品安全技术规范2.18。

检测器：DAD，MS（ESI 源）。

光谱图：

$\lambda=243nm$

质谱图（ESI+）：

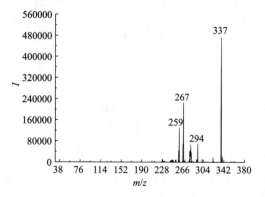

可能的裂解途径：m/z 383＞337（定量离子对），m/z 383＞267。

质谱图（ESI⁻）：

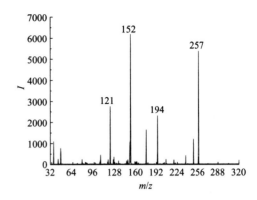

可能的裂解途径：m/z 321＞152（定量离子对），m/z 321＞257。

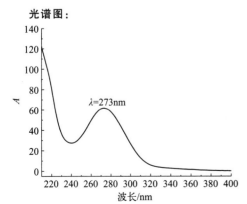

m/z 383

m/z 337 m/z 267

143. 氯霉素

chloramphenicol

CAS 号：56-75-7。

结构式、分子式、分子量：

分子式：$C_{11}H_{12}Cl_2N_2O_5$
分子量：323.13

溶解性：本品在甲醇、乙醇、丙酮或丙二醇中易溶，在水中微溶[2]。

主要用途：化妆品禁用原料（表 1-299）。

检验方法：化妆品安全技术规范 2.35，SN/T 2289。

检测器：DAD，MS（ESI 源）。

光谱图：

$\lambda=273nm$

m/z 321

m/z 257 m/z 152

144. 氯普鲁卡因

chloroprocaine hydrochloride

CAS 号：3858-89-7。

结构式、分子式、分子量：

分子式：$C_{13}H_{20}Cl_2N_2O_2$
分子量：307.22

溶解性：本品可溶于甲醇[1]。

主要用途：化妆品禁用原料（表 1-1064）。

检验方法：化妆品安全技术规范 2.23。

检测器：DAD，MS（ESI 源）。

光谱图：

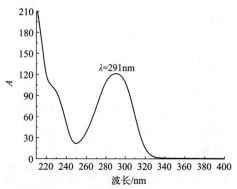

$\lambda = 291\text{nm}$

波长/nm

质谱图（ESI$^+$）：

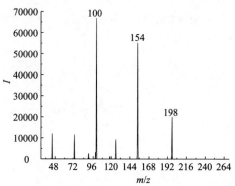

m/z

可能的裂解途径：m/z 271＞100（定量离子对），m/z 271＞154。

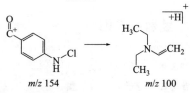

m/z 271

m/z 154　　　m/z 100

145. 氯替泼诺

loteprednol

CAS 号：129260-79-3。

结构式、分子式、分子量：

分子式：$C_{24}H_{31}ClO_7$

分子量：466.95

溶解性：本品可溶于乙腈[1]。

主要用途：化妆品禁用原料（表 1-1280）。

检验方法：化妆品安全技术规范 2.34。

检测器：DAD，MS（ESI 源）。

光谱图：

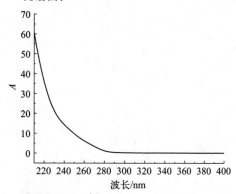

波长/nm

质谱图（ESI$^+$）：

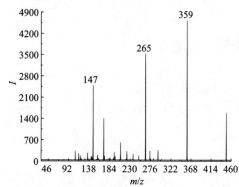

m/z

可能的裂解途径：m/z 467＞359（定量离子对），m/z 467＞265。

m/z 467

m/z 359　　　m/z 265

146. 马兜铃酸 A

aristolochic acid A

CAS 号：313-67-7。

结构式、分子式、分子量：

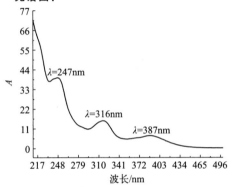

分子式：C₁₇H₁₁NO₇

分子式：$C_{17}H_{11}NO_7$

分子量：341.27

溶解性：本品可溶于甲醇[22]。

主要用途：化妆品禁用原料（表1-303）。

检验方法：GB/T 35949。

检测器：DAD，MS（ESI源）。

光谱图：

λ=247nm

λ=316nm

λ=387nm

质谱图（ESI⁺）：

可能的裂解途径：m/z 342＞298（定量离子对），m/z 342＞324。

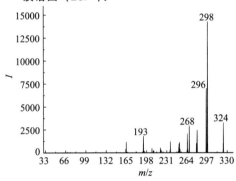

147. 马来酸二乙酯

diethyl maleate

CAS号：141-05-9。

结构式、分子式、分子量：

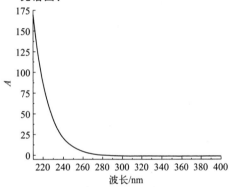

分子式：$C_8H_{12}O_4$

分子量：172.18

溶解性：本品易溶于乙醚、乙醇、烷烃等有机试剂，微溶于水[3]。

主要用途：化妆品禁用原料（表1-471）。

检验方法：化妆品安全技术规范2.24，化妆品安全技术规范2.36。

检测器：DAD，MS（ESI源，EI源）。

光谱图：

质谱图（ESI⁺）：

可能的裂解途径：m/z 173＞99（定量离子对），m/z 173＞127。

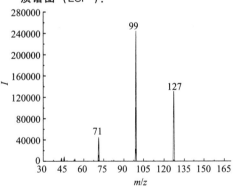

148. 美他环素（盐酸甲烯土霉素）

metacycline hydrochloride

CAS 号： 3963-95-9。

结构式、分子式、分子量：

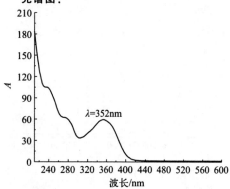

分子式：$C_{22}H_{23}ClN_2O_8$
分子量：478.88

溶解性： 本品可溶于甲醇[6]。

主要用途： 化妆品禁用原料（表 1-299）。

检验方法： 化妆品安全技术规范 2.35，GB/T 24800.1，SN/T 3897。

检测器： DAD，MS（ESI 源）。

光谱图：

（紫外光谱图，$\lambda=352nm$，横坐标 波长/nm 240~600，纵坐标 A 0~210）

质谱图（ESI⁺）：

（质谱图，横坐标 m/z 44~440，纵坐标 I 0~23100，主要峰 426、201、154）

可能的裂解途径：m/z 443＞426（定量离子对），m/z 443＞201。

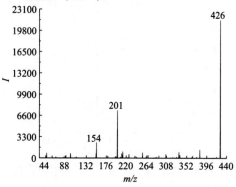

m/z 443

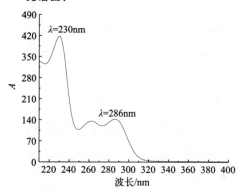

m/z 426 → m/z 201

149. 米诺地尔

minoxidil

CAS 号： 38304-91-5。

结构式、分子式、分子量：

（米诺地尔结构式）

分子式：$C_9H_{15}N_5O$
分子量：209.25

溶解性： 本品在乙醇中略溶，在三氯甲烷或水中微溶，在丙酮中极易溶解，在冰醋酸中溶解[2]。

主要用途： 化妆品禁用原料（表 1-910）。

检验方法： 化妆品安全技术规范 2.5，化妆品安全技术规范 2.25，GB/T 35837。

检测器： DAD，MS（ESI 源）。

光谱图：

（紫外光谱图，$\lambda=230nm$，$\lambda=286nm$，横坐标 波长/nm 220~400，纵坐标 A 0~490）

质谱图（ESI⁺）：

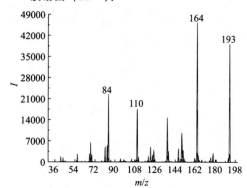

（质谱图，横坐标 m/z 36~198，纵坐标 I 0~49000，主要峰 84、110、164、193）

可能的裂解途径：m/z 210＞164（定量离子对），m/z 210＞193。

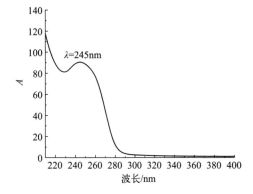

150. 莫米他松糠酸酯

mometasone furoate

CAS 号：83919-23-7。

结构式、分子式、分子量：

分子式：$C_{27}H_{30}Cl_2O_6$

分子量：521.43

溶解性： 本品可溶于乙腈[1]。

主要用途： 化妆品禁用原料（表 1-1280）。

检验方法： 化妆品安全技术规范 2.34，GB/T 24800.2。

检测器： DAD，MS（ESI 源）。

光谱图：

质谱图（ESI⁺）：

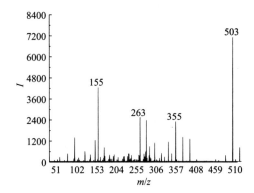

可能的裂解途径：m/z 521＞503（定量离子对），m/z 521＞155。

151. 莫西沙星

moxifloxacin

CAS 号：151096-09-2。

结构式、分子式、分子量：

分子式：$C_{21}H_{24}FN_3O_4$

分子量：401.43

溶解性： 本品在乙醇中微溶，在丙酮中几乎不溶，在水中略溶，在温水中的溶解度有所提高（为 5g/L）[23]。

主要用途： 化妆品禁用原料（表 1-299）。

检验方法： 化妆品安全技术规范 2.35，

GB/T 39999，SN/T 4393。

  检测器：DAD，FLD，MS（ESI 源）。

  光谱图：

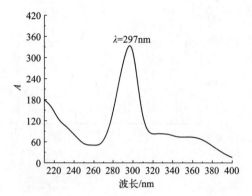

质谱图（ESI$^+$）：

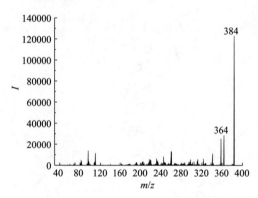

  可能的裂解途径：m/z 402＞384（定量离子对），m/z 402＞364。

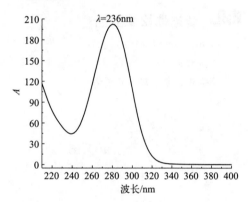

152. 尿刊酸

urocanic acid

  CAS 号：104-98-3。

  结构式、分子式、分子量：

分子式：$C_6H_6N_2O_2$
分子量：138.12

  溶解性：本品可溶于甲醇[24]。

  主要用途：化妆品禁用原料（表 1-170）。

  检验方法：GB/T 35803。

  检测器：DAD，MS（ESI 源）。

  光谱图：

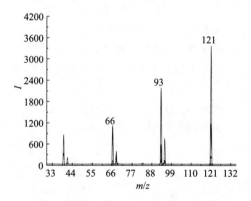

质谱图（ESI$^+$）：

  可能的裂解途径：m/z 139＞121（定量离子对），m/z 139＞93。

153. 1,7-萘二酚

1,7-naphthalenediol

CAS 号：575-38-2。

结构式、分子式、分子量：

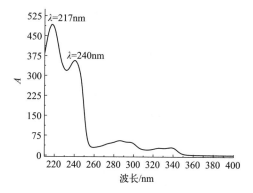

分子式：$C_{10}H_8O_2$

分子量：160.17

溶解性：本品可溶于甲醇[25]。

主要用途：化妆品禁用原料（表1-35）。

检验方法：GB/T 35801，GB/T 35829。

检测器：DAD，MS（ESI 源）。

光谱图：

质谱图（ESI+）：

可能的裂解途径：m/z 161＞143（定量离子对），m/z 161＞133。

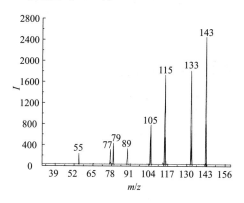

154. 诺氟沙星

norfloxacin

CAS 号：70458-96-7。

结构式、分子式、分子量：

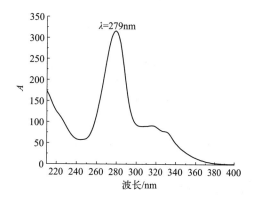

分子式：$C_{16}H_{18}FN_3O_3$

分子量：319.33

溶解性：本品略溶于二甲基酰胺，极微溶于水和乙醇，易溶于乙酸、盐酸和氢氧化钠溶液[2]。

主要用途：化妆品禁用原料（表1-299）。

检验方法：化妆品安全技术规范 2.35，GB/T 40191，GB/T 39999，SN/T 4393。

检测器：DAD，FLD，MS（ESI 源）。

光谱图：

质谱图（ESI+）：

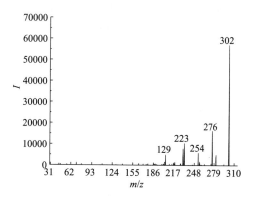

可能的裂解途径：m/z 320＞302（定量离子对），m/z 320＞276。

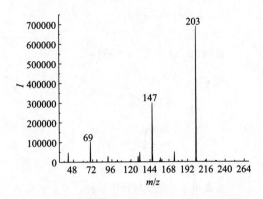

质谱图（ESI⁺）：

可能的裂解途径：m/z 271＞203（定量离子对），m/z 271＞147。

m/z 320

m/z 302 → m/z 276

155. 欧前胡内酯

imperatorin

CAS 号：482-44-0。

结构式、分子式、分子量：

分子式：$C_{16}H_{14}O_4$
分子量：270.28

溶解性：本品不溶于水，微溶于沸水，易溶于氯仿，溶于苯、乙醇、乙醚、石油醚和碱性氢氧化物[26]。

主要用途：化妆品禁用原料（表 1-841）。

检验方法：化妆品安全技术规范 2.7。

检测器：DAD，MS（ESI 源）。

光谱图：

m/z 271

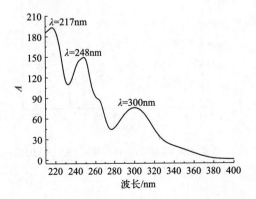

m/z 203 → m/z 147

156. 帕地马酯 A

pentyl dimethty PABA

CAS 号：14779-78-3。

结构式、分子式、分子量：

分子式：$C_{14}H_{21}NO_2$
分子量：235.36

溶解性：本品可溶于甲醇[27]。

主要用途：化妆品禁用原料（表 1-295）。

检验方法：GB/T 35797。

检测器：DAD，MS（ESI 源）。

光谱图：

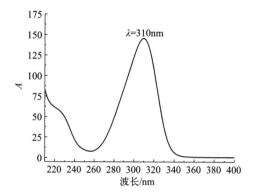

质谱图（ESI⁺）：

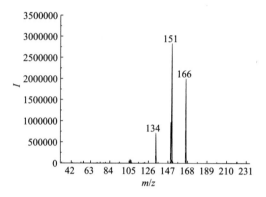

可能的裂解途径：m/z 236＞151（定量离子对），m/z 236＞166。

157. 帕地马酯 O

ethylhexyl dimethyl PABA

CAS 号：21245-02-3。

结构式、分子式、分子量：

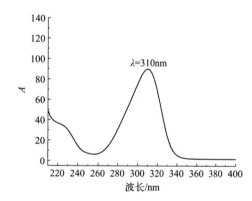

分子式：$C_{17}H_{27}NO_2$
分子量：277.41

溶解性： 本品可溶于甲醇[27]。
主要用途： 化妆品禁用原料（表 1-295）。
检验方法： GB/T 35797。
检测器： DAD，MS（ESI 源）。
光谱图：

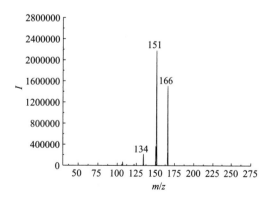

质谱图（ESI⁺）：

可能的裂解途径：m/z 278＞151（定量离子对），m/z 278＞166。

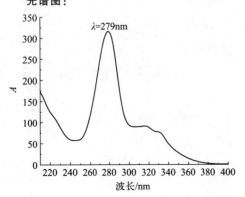

质谱图（ESI⁺）：

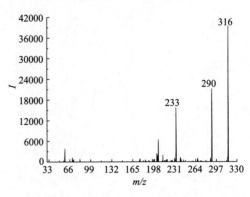

可能的裂解途径：m/z 334＞316（定量离子对），m/z 334＞290。

158. 培氟沙星

pefloxacin

CAS 号：70458-92-3。

结构式、分子式、分子量：

分子式：$C_{17}H_{20}FN_3O_3$
分子量：333.36

溶解性： 本品略溶于二甲基酰胺，极微溶于水和乙醇，易溶于乙酸、盐酸和氢氧化钠溶液[8]。

主要用途： 化妆品禁用原料（表 1-299）。

检验方法： 化妆品安全技术规范 2.35，GB/T 39999，SN/T 4393。

检测器： DAD，FLD，MS（ESI 源）。

光谱图：

$\lambda=279nm$

159. 泼尼松

prednisone

CAS 号：53-03-2。

结构式、分子式、分子量：

分子式：$C_{21}H_{26}O_5$
分子量：358.43

溶解性： 本品在乙醇或三氯甲烷中微溶，在水中几乎不溶[2]。

主要用途：化妆品禁用原料（表 1-1280）。

检验方法：化妆品安全技术规范 2.34，GB/T 24800.2。

检测器：DAD，MS（ESI 源）。

光谱图：

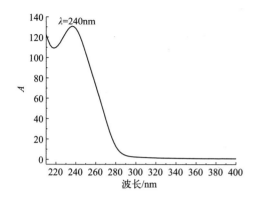

质谱图（ESI$^+$）：

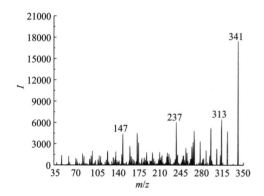

可能的裂解途径：m/z 359＞341（定量离子对），m/z 359＞147。

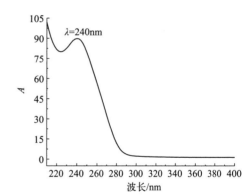

160. 泼尼卡酯

prednicarbate

CAS 号：73771-04-7。

结构式、分子式、分子量：

分子式：$C_{27}H_{36}O_8$

分子量：488.57

溶解性：本品可溶于乙腈[1]。

主要用途：化妆品禁用原料（表 1-1280）。

检验方法：化妆品安全技术规范 2.34。

检测器：DAD，MS（ESI 源）。

光谱图：

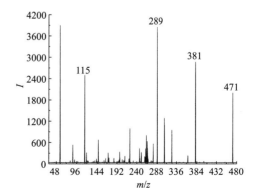

质谱图（ESI$^+$）：

可能的裂解途径：m/z 489＞289（定量离子对），m/z 489＞381

m/z 489

m/z 471

m/z 381

m/z 289

161. 泼尼松醋酸酯

prednisone 21-acetate

CAS 号：125-10-0。

结构式、分子式、分子量：

分子式：$C_{23}H_{28}O_6$
分子量：400.46

溶解性：本品在三氯甲烷中易溶，在丙酮中略溶，在乙醇或乙酸乙酯中微溶，在水中不溶[2]。

主要用途：化妆品禁用原料（表 1-1280）。

检验方法：化妆品安全技术规范 2.34，GB/T 24800.2，SN/T 2533。

检测器：DAD，MS（ESI 源）。

光谱图：

λ=236nm

质谱图（ESI$^+$）：

可能的裂解途径：*m/z* 401＞295（定量离子对），*m/z* 401＞147。

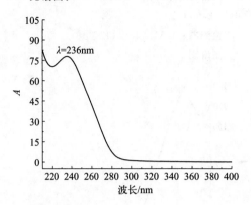

m/z 401

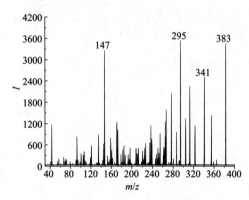

m/z 383

m/z 295

m/z 147

162. 泼尼松龙

prednisolone

CAS 号：50-24-8。

结构式、分子式、分子量：

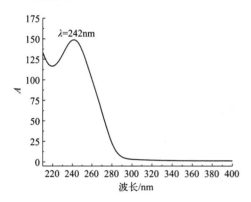

分子式：C$_{21}$H$_{28}$O$_5$
分子量：360.44

溶解性： 本品在甲醇或乙醇中溶解，在丙酮或二氧六环中略溶，在三氯甲烷中微溶，在水中极微溶解[2]。

主要用途： 化妆品禁用原料（表 1-1280）。

检验方法： 化妆品安全技术规范 2.34，GB/T 24800.2。

检测器： DAD，MS（ESI 源）。

光谱图：

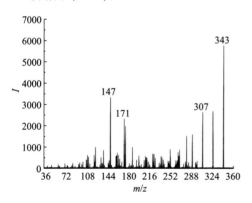

λ=242nm

质谱图（ESI$^+$）：

343

147

171

307

可能的裂解途径： m/z 361＞343（定量离子对），m/z 361＞147。

m/z 361

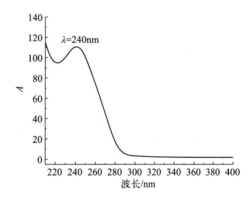

m/z 343 → m/z 147

163. 泼尼松龙醋酸酯

prednisolone 21-acetate

CAS 号： 52-21-1。

结构式、分子式、分子量：

分子式：C$_{23}$H$_{30}$O$_6$
分子量：402.48

溶解性： 本品在甲醇、乙醇或三氯甲烷中微溶，在水中几乎不溶[2]。

主要用途： 化妆品禁用原料（表 1-1280）。

检验方法： 化妆品安全技术规范 2.34，GB/T 24800.2。

检测器： DAD，MS（ESI 源）。

光谱图：

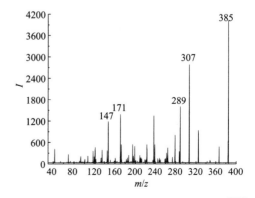

λ=240nm

质谱图（ESI$^+$）：

385

307

289

147 171

可能的裂解途径：m/z 403＞385（定量离子对），m/z 403＞307。

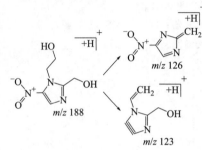

m/z 403

m/z 385 → m/z 307

164. 羟基甲硝唑

metronidazole-OH

CAS 号：4812-40-2。

结构式、分子式、分子量：

分子式：$C_6H_9N_3O_4$

分子量：187.15

溶解性：本品在水中几乎不溶，在 N,N-二甲基甲酰胺和二甲亚砜中溶解性好[28]。

主要用途：化妆品禁用原料（表 1-299）。

检验方法：化妆品安全技术规范 2.35，BJH 202202。

检测器：DAD，MS（ESI 源）。

光谱图：

$\lambda=306\text{nm}$

波长/nm

质谱图（ESI$^+$）：

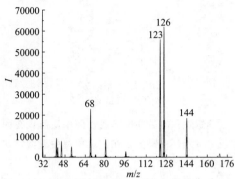

可能的裂解途径：m/z 188＞126（定量离子对），m/z 188＞123。

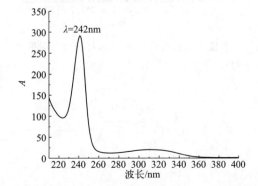

m/z 188

m/z 126

m/z 123

165. 8-羟基喹啉

oxyquinoline

CAS 号：148-24-3。

结构式、分子式、分子量：

分子式：C_9H_7NO

分子量：145.16

溶解性：本品不溶于水，溶于乙醇或稀酸[3]。

主要用途：化妆品禁用原料（表 1-834）。

检验方法：化妆品安全技术规范 3.8，GB/T 37644。

检测器：DAD，MS（ESI 源）。

光谱图：

$\lambda=242\text{nm}$

波长/nm

质谱图（ESI$^+$）：

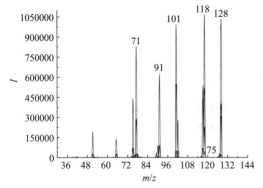

可能的裂解途径：m/z 146＞118（定量离子对），m/z 146＞128。

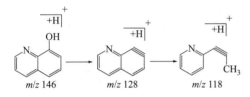

166. 16α-羟基泼尼松龙

16 alpha-hydroxyprednisolone

CAS 号：13951-70-7。

结构式、分子式、分子量：

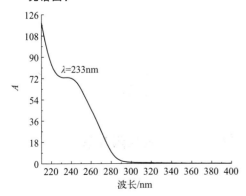

分子式：$C_{21}H_{28}O_6$

分子量：376.44

溶解性：本品可溶于乙腈[29]。

主要用途：化妆品禁用原料（表 1-1280）。

检验方法：BJH 202203，GB/T 40145。

检测器：DAD，MS（ESI 源）。

光谱图：

质谱图（ESI$^-$）：

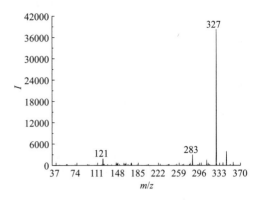

可能的裂解途径：m/z 375＞327（定量离子对），m/z 375＞283。

167. 羟嗪

hydroxyzine

CAS 号：68-88-2。

结构式、分子式、分子量：

分子式：$C_{21}H_{27}ClN_2O_2$

分子量：374.90

溶解性：本品在乙酸乙酯中溶解性较好[30]。

主要用途：化妆品禁用原料（表 1-1279）。

检验方法：化妆品安全技术规范 2.18，GB/T 32986。

检测器：DAD，MS（ESI 源）。

光谱图：

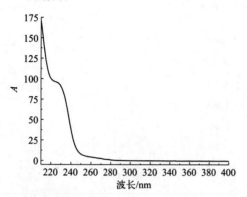

质谱图（ESI$^+$）：

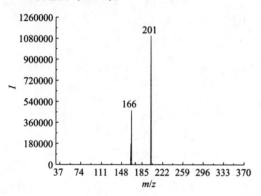

可能的裂解途径：m/z 375＞201（定量离子对），m/z 375＞166。

168. 氢化可的松

hydrocortisone

CAS 号：50-23-7。

结构式、分子式、分子量：

分子式：$C_{21}H_{30}O_5$
分子量：362.46

溶解性：本品在乙醇或丙酮中略溶，在三氯甲烷中微溶，在乙醚中几乎不溶，在水中不溶[2]。

主要用途：化妆品禁用原料（表 1-1280）。

检验方法：化妆品安全技术规范 2.5，化妆品安全技术规范 2.34，GB/T 24800.2，SN/T 2533。

检测器：DAD，MS（ESI 源）。

光谱图：

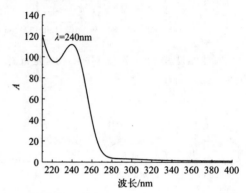

质谱图（ESI$^+$）：

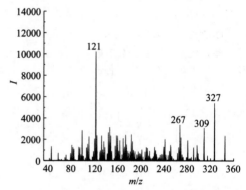

可能的裂解途径：m/z 363＞121（定量离子对），m/z 363＞327。

169. 氢化可的松醋酸酯

hydrocortisone21-acetate

CAS 号：50-03-3。

结构式、分子式、分子量：

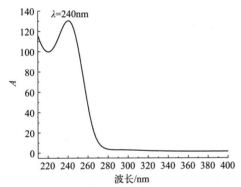

分子式：$C_{23}H_{32}O_6$

分子量：404.50

溶解性： 本品在甲醇、乙醇或三氯甲烷中微溶，在水中不溶[2]。

主要用途： 化妆品禁用原料（表 1-1280）。

检验方法： 化妆品安全技术规范 2.34，GB/T 24800.2，SN/T 2533。

检测器： DAD，MS（ESI 源）。

光谱图：

λ=240nm

（纵坐标 A：140 120 100 80 60 40 20；横坐标 波长/nm：220 240 260 280 300 320 340 360 380 400）

质谱图（ESI⁺）：

（纵坐标 I：8400 7200 6000 4800 3600 2400 1200；峰值标注 121、267、309、327；横坐标 m/z：40 80 120 160 200 240 280 320 360 400）

可能的裂解途径：m/z 405＞309（定量离子对），m/z 405＞121。

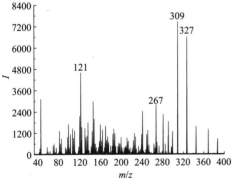

m/z 405

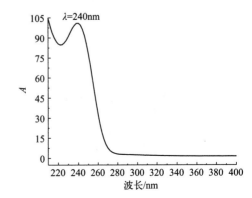

m/z 327

m/z 309 → *m/z* 121

170. 氢化可的松丁酸酯

hydrocortisone 17-butyrate

CAS 号： 13609-67-1。

结构式、分子式、分子量：

分子式：$C_{25}H_{36}O_6$

分子量：432.55

溶解性： 本品在三氯甲烷中易溶，在甲醇中溶解，在无水乙醇中微溶，在乙醚中极微溶解，在水中几乎不溶[2]。

主要用途： 化妆品禁用原料（表 1-1280）。

检验方法： 化妆品安全技术规范 2.34，GB/T 24800.2。

检测器： DAD，MS（ESI 源）。

光谱图：

λ=240nm

（纵坐标 A：105 90 75 60 45 30 15；横坐标 波长/nm：220 240 260 280 300 320 340 360 380 400）

质谱图（ESI⁺）：

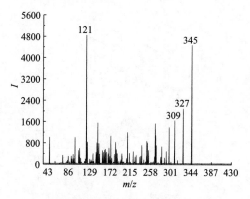

主要用途：化妆品禁用原料（表 1-1280）。

检验方法：化妆品安全技术规范 2.34，GB/T 24800.2。

检测器：DAD，MS（ESI 源）。

光谱图：

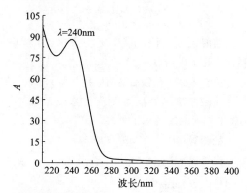

可能的裂解途径：m/z 433＞121（定量离子对），m/z 433＞345。

可能的裂解途径：m/z 447＞345（定量离子对），m/z 447＞121。

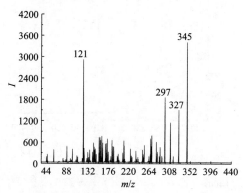

171. 氢化可的松戊酸酯

cortisol 17-valerate

CAS 号：57524-89-7。

结构式、分子式、分子量：

分子式：$C_{26}H_{38}O_6$
分子量：446.58

溶解性：本品可溶于乙腈[1]。

172. 氢醌

hydroquinone

CAS 号：123-31-9。

结构式、分子式、分子量：

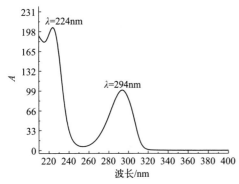

分子式：$C_6H_6O_2$
分子量：110.11

溶解性：本品易溶于热水、乙醇和乙醚，难溶于苯[3]。

主要用途：化妆品禁用原料（表 1-34）。

检验方法：化妆品安全技术规范 7.1，化妆品安全技术规范 8.2，SN/T 3920。

检测器：DAD，FLD，MS（ESI 源）。

光谱图：

质谱图（ESI$^+$）：

可能的裂解途径：m/z 109＞108（定量离子对），m/z 109＞81。

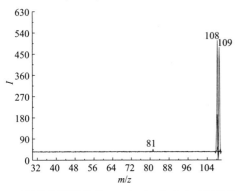

173. 曲安奈德

triamcinolone acetonide

CAS 号：76-25-5

结构式、分子式、分子量：

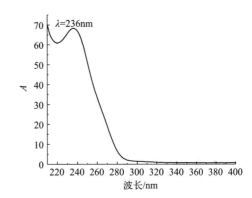

分子式：$C_{24}H_{31}FO_6$
分子量：434.50

溶解性：本品在丙酮中溶解，在三氯甲烷中略溶，在甲醇或乙醇中微溶，在水中极微溶解[2]。

主要用途：化妆品禁用原料（表 1-1280）。

检验方法：化妆品安全技术规范 2.34，GB/T 24800.2，SN/T 2533。

检测器：DAD，MS（ESI 源）。

光谱图：

质谱图（ESI$^+$）：

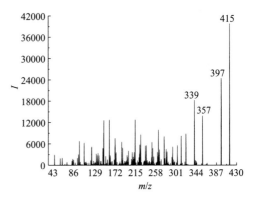

可能的裂解途径：m/z 435＞415（定量离子对），m/z 435＞397。

m/z 435

m/z 415

m/z 397

174. 曲安奈德醋酸酯

triamcinolone acetonide 21-acetate

CAS 号：3870-07-3

结构式、分子式、分子量：

分子式：$C_{26}H_{33}FO_7$
分子量：476.53

溶解性：本品在三氯甲烷中溶解，在丙酮中略溶，在甲醇或乙醇中微溶，在水中不溶[2]。

主要用途：化妆品禁用原料（表 1-1280）。

检验方法：化妆品安全技术规范 2.5，化妆品安全技术规范 2.34，GB/T 24800.2。

检测器：DAD，MS（ESI 源）。

光谱图：

$\lambda=235nm$

波长/nm

质谱图（ESI$^+$）：

m/z

可能的裂解途径：*m/z* 477＞457（定量离子对），*m/z* 477＞439。

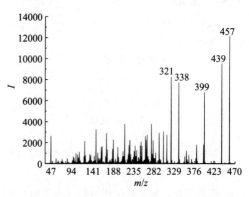

m/z 477

m/z 457

m/z 439

175. 曲安西龙

triamcinolone

CAS 号：124-94-7。

结构式、分子式、分子量：

分子式：$C_{21}H_{27}FO_6$
分子量：394.43

溶解性：本品在 N,N-二甲基甲酰胺中易溶，在甲醇或乙醇中微溶，在水或三氯甲烷中几乎不溶[2]。

主要用途：化妆品禁用原料（表 1-1280）。

检验方法：化妆品安全技术规范 2.34，

GB/T 24800.2，SN/T 2533。

检测器：DAD，MS（ESI 源）。

光谱图：

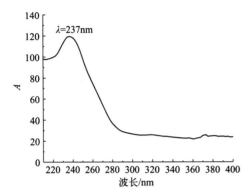

质谱图（ESI$^+$）：

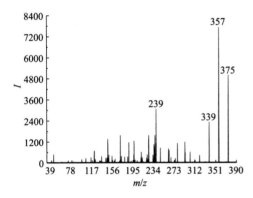

可能的裂解途径：m/z 395＞357（定量离子对），m/z 395＞375。

176. 曲安西龙双醋酸酯

triamcinolone diacetate

CAS 号：67-78-7。

结构式、分子式、分子量：

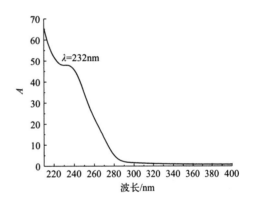

分子式：C$_{25}$H$_{31}$FO$_8$
分子量：478.51

溶解性：本品可溶于乙腈[1]。

主要用途：化妆品禁用原料（表 1-1280）。

检验方法：化妆品安全技术规范 2.34，GB/T 24800.2。

检测器：DAD，MS（ESI 源）。

光谱图：

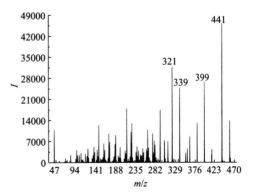

质谱图（ESI$^+$）：

可能的裂解途径：m/z 479＞441（定量离子对），m/z 479＞321。

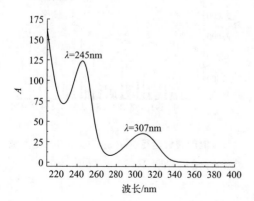

m/z 479

m/z 441

m/z 321

177. 曲吡那敏

tripelennamine

CAS 号：91-81-6。

结构式、分子式、分子量：

分子式：$C_{16}H_{21}N_3$

分子量：255.36

溶解性：本品可溶于甲醇[1]。

主要用途：化妆品禁用原料（表 1-1279）。

检验方法：化妆品安全技术规范 2.18，GB/T 32986。

检测器：DAD，MS（ESI 源）。

光谱图：

$\lambda=245nm$

$\lambda=307nm$

A

波长/nm

质谱图（ESI$^+$）：

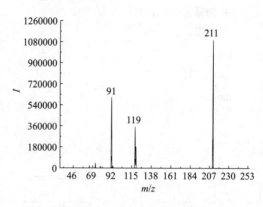

I

211

91

119

m/z

可能的裂解途径：m/z 256＞211（定量离子对），m/z 256＞91。

m/z 256

m/z 211

m/z 91

178. 曲伏前列素

travoprost

CAS 号：157283-68-6。

结构式、分子式、分子量：

分子式：$C_{26}H_{35}F_3O_6$

分子量：500.55

溶解性：本品可溶于甲醇[5]。

主要用途：化妆品禁用原料（表 1-1290）。

检验方法：BJH 202102。

检测器：DAD，MS（ESI 源）。

光谱图：

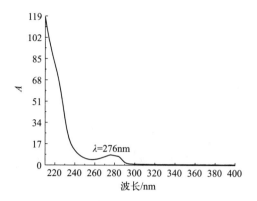

质谱图（ESI⁺）：

可能的裂解途径：m/z 501＞197（定量离子对），m/z 501＞111。

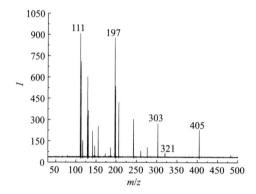

179. 去甲基金霉素

demeclocycline hydrochloride

CAS 号：64-73-3。

结构式、分子式、分子量：

分子式：$C_{21}H_{22}Cl_2N_2O_8$

分子量：501.31

溶解性：本品易溶于酸性或碱性溶液[31]。

主要用途：化妆品禁用原料（表1-299）。

检验方法：化妆品安全技术规范 2.35，GB/T 24800.1，SN/T 3897。

检测器：DAD，MS（ESI 源）。

光谱图：

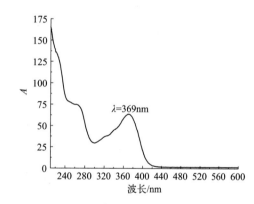

质谱图（ESI⁺）：

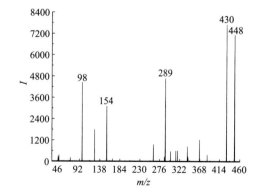

可能的裂解途径：m/z 465＞430（定量离子对），m/z 465＞448。

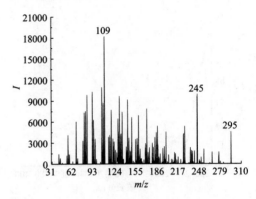

m/z 465

m/z 448

m/z 430

质谱图（ESI⁺）：

可能的裂解途径：m/z 313＞109（定量离子对），m/z 313＞245。

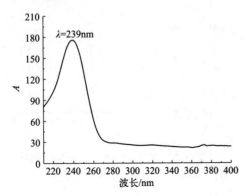

m/z 313

m/z 245

m/z 109

180. 炔诺孕酮

norgestrel

CAS 号：6533-00-2。

结构式、分子式、分子量：

分子式：$C_{21}H_{28}O_2$

分子量：312.45

溶解性：本品在三氯甲烷中溶解，在甲醇中微溶，在水中不溶[2]。

主要用途：化妆品禁用原料（表 1-1280）。

检验方法：化妆品安全技术规范 2.34。

检测器：DAD，MS（ESI 源）。

光谱图：

$\lambda=239nm$

波长/nm

181. 三甲沙林

trioxsalen

CAS 号：3902-71-4。

结构式、分子式、分子量：

分子式：$C_{14}H_{12}O_3$

分子量：228.24

溶解性：本品可溶于甲醇[1]。

主要用途：化妆品禁用原料（表 1-666）。

检验方法：化妆品安全技术规范 2.7，GB/T 30935。

检测器：DAD，MS（ESI 源）。

光谱图：

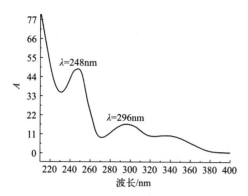

质谱图（ESI⁺）：

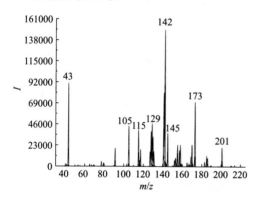

可能的裂解途径：m/z 229＞142（定量离子对），m/z 229＞173。

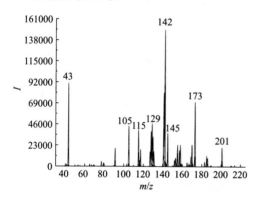

m/z 229

m/z 173　　　　*m/z* 142

182. 三乙二醇二甲醚

triethylene glycol dimethyl ether

CAS 号：112-49-2。

结构式、分子式、分子量：

H₃C—O—O—O—O—CH₃

分子式：$C_8H_{18}O_4$

分子量：178.23

溶解性：本品能与水和碳氢化合物溶剂相混溶[4]。

主要用途：化妆品禁用原料（表1-15）。

检验方法：GB/T 35894。

检测器：DAD，FID，MS（ESI 源，EI 源）。

光谱图：

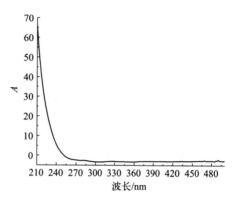

质谱图（ESI⁺）：

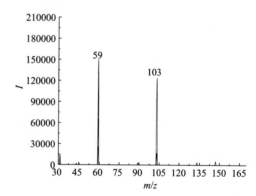

可能的裂解途径：m/z 179＞103（定量离子对），m/z 179＞59。

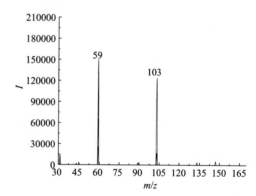

m/z 179

H₃C—O—O—CH₂　　　H₃C—O—CH₂

m/z 103　　　　*m/z* 59

183. 沙拉沙星

sarafloxacin

CAS 号：98105-99-8。

结构式、分子式、分子量：

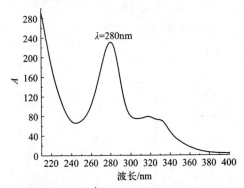

分子式：C$_{20}$H$_{17}$F$_2$N$_3$O$_3$
分子量：385.36

溶解性：本品在水和乙醇中几乎不溶或不溶，在氢氧化钠试液中微溶并且易沉淀[32]。

主要用途：化妆品禁用原料（表1-299）。

检验方法：化妆品安全技术规范 2.35，GB/T 39999，SN/T 4393。

检测器：DAD，FLD，MS（ESI源）。

光谱图：

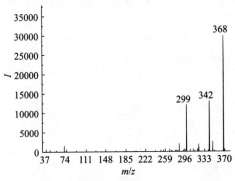

质谱图（ESI$^+$）：

可能的裂解途径：m/z 386＞368（定量离子对），m/z 386＞342。

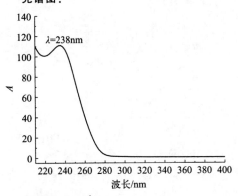

184. 双氟可龙戊酸酯

diflucortolone valerate

CAS号：59198-70-8。

结构式、分子式、分子量：

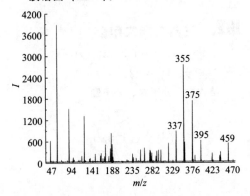

分子式：C$_{27}$H$_{36}$F$_2$O$_5$
分子量：478.57

溶解性：本品可溶于乙腈[1]。

主要用途：化妆品禁用原料（表1-1280）。

检验方法：化妆品安全技术规范 2.34。

检测器：DAD，MS（ESI源）。

光谱图：

质谱图（ESI$^+$）：

可能的裂解途径：$m/z\ 479 > 355$（定量离子对），$m/z\ 479 > 375$。

光谱图：

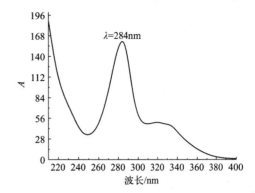

$\lambda = 284\text{nm}$

质谱图（ESI⁺）：

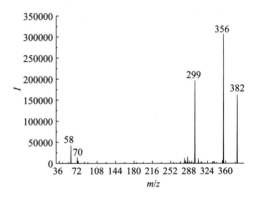

可能的裂解途径：$m/z\ 400 > 356$（定量离子对），$m/z\ 400 > 382$。

$m/z\ 479$

$m/z\ 375$ $m/z\ 355$

185. 双氟沙星

difloxacin

CAS 号：98106-17-3。

结构式、分子式、分子量：

分子式：$C_{21}H_{19}F_2N_3O_3$
分子量：399.39

溶解性：本品可溶于甲醇[1]。

主要用途：化妆品禁用原料（表 1-299）。

检验方法：化妆品安全技术规范 2.35，GB/T 39999。

检测器：DAD，FLD，MS（ESI 源）。

$m/z\ 400$

$m/z\ 382$ $m/z\ 356$

186. 双香豆素

dicoumarolum

CAS 号：66-76-2。

结构式、分子式、分子量：

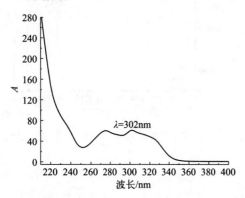

分子式：$C_{19}H_{12}O_6$
分子量：336.29

溶解性：本品在水、乙醇或乙醚中几乎不溶，在三氯甲烷极微溶，在强碱溶液中溶解[15]。

主要用途：化妆品禁用原料（表 1-473）。

检验方法：GB/T 35798。

检测器：DAD，MS（ESI 源）。

光谱图：

λ=302nm

波长/nm

质谱图（ESI⁺）：

163

175

m/z

可能的裂解途径：m/z 337＞163（定量离子对），m/z 337＞175。

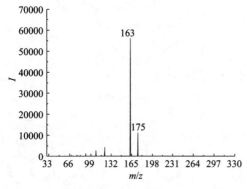

m/z 337

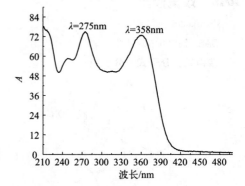

m/z 175 → m/z 163

187. 四环素

tetracycline

CAS 号：60-54-8。

结构式、分子式、分子量：

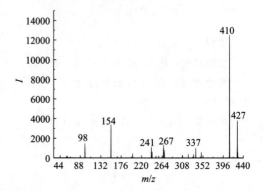

分子式：$C_{22}H_{24}N_2O_8$
分子量：444.43

溶解性：本品溶于乙醇，微溶于水，不溶于氯仿和乙醚[3]。

主要用途：化妆品禁用原料（表 1-299）。

检验方法：化妆品安全技术规范 2.35，GB/T 24800.1，SN/T 3897。

检测器：DAD，MS（ESI 源）。

光谱图：

λ=275nm   λ=358nm

波长/nm

质谱图（ESI⁺）：

98 154 241 267 337 410 427

m/z

可能的裂解途径：m/z 445＞410（定量离子对），m/z 445＞427。

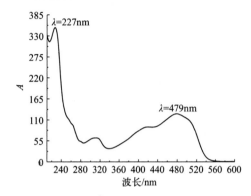

m/z 445

m/z 427

m/z 410

188. 四氯乙烯

tetrachloroethylene

CAS 号：127-18-4。

结构式、分子式、分子量：

分子式：C_2Cl_4

分子量：165.83

溶解性：本品能与乙醇、氯仿、乙醚、苯混溶，极微溶于水[4]。

主要用途：化妆品禁用原料（表 1-1218）。

检验方法：化妆品安全技术规范 2.32。

检测器：ECD，FID，MS（EI 源）。

189. 苏丹红 Ⅰ

sudan Ⅰ

CAS 号：842-07-9。

结构式、分子式、分子量：

分子式：$C_{16}H_{12}N_2O$

分子量：248.28

溶解性：本品溶于乙醚、苯和二硫化碳，不溶于水和碱溶液[4]。

主要用途：化妆品禁用原料（表 1-426）。

检验方法：GB/T 34806，GB/T 29663，SN/T 4575。

检测器：DAD，MS（ESI 源，EI 源）。

光谱图：

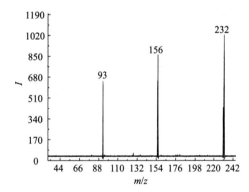

质谱图（ESI⁺）：

可能的裂解途径：m/z 249＞232（定量离子对），m/z 249＞156。

m/z 249

m/z 232

m/z 156

190. 苏丹红 Ⅱ

sudan Ⅱ

CAS 号：3118-97-6。

结构式、分子式、分子量：

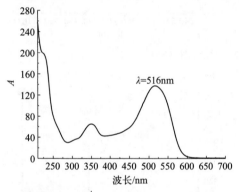

分子式：C$_{18}$H$_{16}$N$_2$O

分子量：276.33

溶解性： 本品溶于乙醚、挥发油、苯、浓硫酸、脂肪和油，微溶于乙醇，不溶于水、碱和弱酸溶液[4]。

主要用途： 化妆品禁用原料（表1-428）。

检验方法： 化妆品安全技术规范2.11，GB/T 34806，GB/T 29663，SN/T 4575。

检测器： DAD，MS（ESI源）。

光谱图：

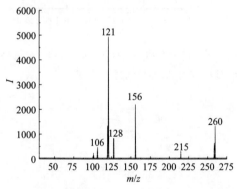

质谱图（ESI$^+$）：

可能的裂解途径：m/z 277＞121（定量离子对），m/z 277＞156。

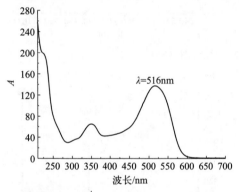

191. 苏丹红 Ⅲ

sudan Ⅲ

CAS号： 85-86-9。

结构式、分子式、分子量：

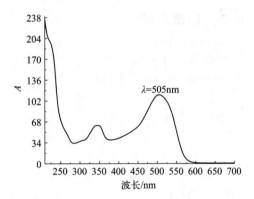

分子式：C$_{22}$H$_{16}$N$_4$O

分子量：352.39

溶解性： 本品易溶于苯，溶于氯仿、冰乙酸、乙醚、乙醇、丙酮、石油醚、不挥发油、热甘油和挥发油，不溶于水[4]。

主要用途： 化妆品禁用原料（表1-1141）。

检验方法： GB/T 29663。

检测器： DAD，MS（ESI源，EI源）。

光谱图：

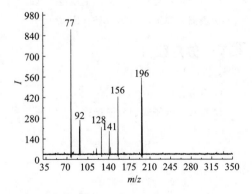

质谱图（ESI$^+$）：

可能的裂解途径：m/z 353＞77（定量离子对），m/z 353＞196。

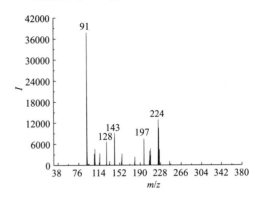

质谱图（ESI⁺）：

可能的裂解途径：m/z 381＞91（定量离子对），m/z 381＞224。

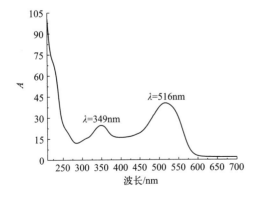

m/z 353

m/z 196 → m/z 77

192. 苏丹红 Ⅳ

sudan Ⅳ

CAS 号：85-83-6。

结构式、分子式、分子量：

分子式：$C_{24}H_{20}N_4O$

分子量：380.44

溶解性：本品 1g 溶于 15mL 氯仿，易溶于苯，溶于油、脂肪、石蜡油、苯酚，微溶于乙醇和丙酮，几乎不溶于水[4]。

主要用途：化妆品禁用原料（表 1-431）。

检验方法：化妆品安全技术规范 2.11，GB/T 34806，GB/T 29663，SN/T 4575。

检测器：DAD，MS（ESI 源，EI 源）。

光谱图：

$\lambda=516nm$

$\lambda=349nm$

m/z 381

m/z 224 → m/z 91

193. 他氟前列素

tafluprost

CAS 号：209860-87-7。

结构式、分子式、分子量：

分子式：$C_{25}H_{34}F_2O_5$

分子量：452.53

溶解性：本品可溶于甲醇[5]。

主要用途：化妆品禁用原料（表 1-1288）。

检验方法：BJH 202102。

检测器：DAD，MS（ESI 源）。

光谱图：

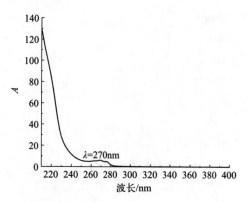

质谱图（ESI⁺）：

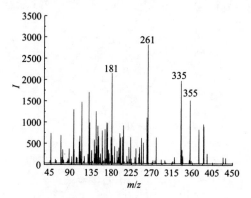

可能的裂解途径：m/z 453＞261（定量离子对），m/z 453＞335。

194. 他氟乙酰胺

tafluprost ethyl amide

CAS 号：1185851-52-8。

结构式、分子式、分子量：

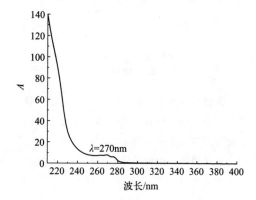

分子式：$C_{24}H_{33}F_2NO_4$

分子量：437.52

溶解性：本品可溶于甲醇[5]。

主要用途：化妆品禁用原料（表 1-1289）。

检验方法：BJH 202102。

检测器：DAD，MS（ESI 源）。

光谱图：

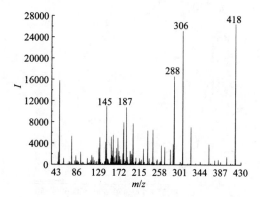

质谱图（ESI⁺）：

可能的裂解途径：m/z 438＞418（定量离子对），m/z 438＞306。

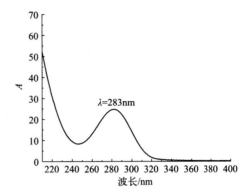

m/z 438

m/z 418

m/z 306

195. 泰乐菌素

tylosin

CAS 号： 1401-69-0。

结构式、分子式、分子量：

分子式： $C_{46}H_{77}NO_{17}$

分子量： 916.10

溶解性： 本品 25℃时水中溶解度为 5mg/mL，溶于低碳醇类、酯类、酮类、氯代烃类、苯和乙醚[4]。

主要用途： 化妆品禁用原料（表 1-299）。

检验方法： GB/T 35951。

检测器： DAD，MS（ESI 源）。

光谱图：

λ=283nm

波长/nm

质谱图（ESI$^+$）：

174

772

m/z

可能的裂解途径：m/z 916＞772（定量离子对），m/z 916＞174。

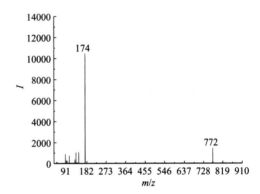

m/z 916

m/z 772

m/z 174

196. 特非那定

terfenadine

CAS 号：50679-08-8。

结构式、分子式、分子量：

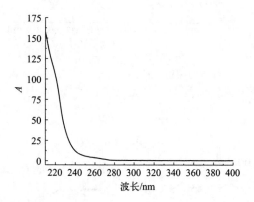

分子式：C$_{32}$H$_{41}$NO$_2$

分子量：471.67

溶解性：本品在三氯甲烷中易溶，在丙酮中溶解，在甲醇或乙醇中略溶，在水中几乎不溶[2]。

主要用途：化妆品禁用原料（表 1-1279）。

检验方法：化妆品安全技术规范 2.18。

检测器：DAD，MS（ESI 源）。

光谱图：

质谱图（ESI+）：

可能的裂解途径：m/z 472＞436（定量离子对），m/z 472＞454。

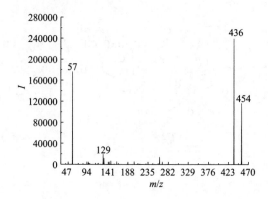

m/z 472

m/z 454

m/z 436

197. 替硝唑

tinidazole

CAS 号：19387-91-8。

结构式、分子式、分子量：

分子式：C$_8$H$_{13}$N$_3$O$_4$S

分子量：247.27

溶解性：本品在丙酮中溶解，在水或乙醇中微溶[2]。

主要用途：化妆品禁用原料（表 1-299）。

检验方法：化妆品安全技术规范 2.35，BJH 202202。

检测器：DAD，MS（ESI 源）。

光谱图：

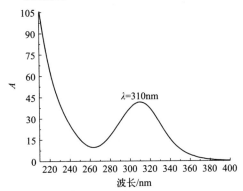

质谱图（ESI$^+$）：

可能的裂解途径：m/z 248＞121（定量离子对），m/z 248＞93。

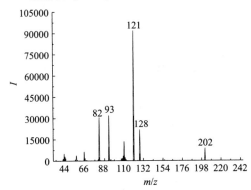

m/z 248　　　m/z 121　　　m/z 93

198. 替米考星

tilmicosin

CAS 号：108050-54-0。

结构式、分子式、分子量：

分子式：$C_{46}H_{80}N_2O_{13}$

分子量：869.13

溶解性：本品可溶于甲醇[33]。

主要用途：化妆品禁用原料（表1-299）。

检验方法：化妆品安全技术规范 2.35，GB/T 35951。

检测器：DAD，MS（ESI 源）。

光谱图：

质谱图（ESI$^+$）：

可能的裂解途径：m/z 869.5＞174（定量离子对），m/z 869.5＞696。

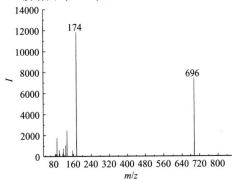

m/z 696

m/z 869.5

m/z 174

199. 酮康唑

ketoconazole

CAS 号：65277-42-1

结构式、分子式、分子量：

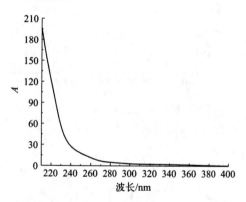

分子式：$C_{26}H_{28}Cl_2N_4O_4$
分子量：531.43

溶解性：本品在三氯甲烷中易溶，在甲醇中溶解，在乙醇中微溶，在水中几乎不溶[2]。

主要用途：化妆品禁用原料（表1-299）。

检验方法：化妆品安全技术规范 2.35，GB/T 40901。

检测器：DAD，MS（ESI 源）。

光谱图：

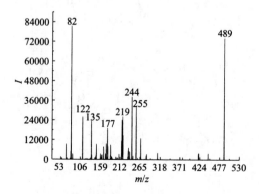

可能的裂解途径：m/z 531＞82（定量离子对），m/z 531＞489。

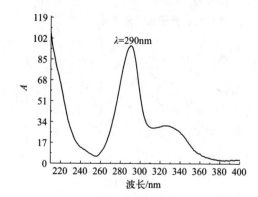

200. 土霉素

oxytetracycline

CAS 号：79-57-2。

结构式、分子式、分子量：

分子式：$C_{22}H_{24}N_2O_9$
分子量：460.43

溶解性：本品溶于乙醇、丙酮和乙二醇，微溶于水，不溶于氯仿和乙醚[3]。

主要用途：化妆品禁用原料（表1-299）。

检验方法：化妆品安全技术规范 2.35，GB/T 24800.1，SN/T 3897。

检测器：DAD，MS（ESI 源）。

光谱图：

质谱图（ESI⁺）：

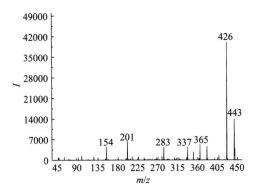

可能的裂解途径：m/z 461＞426（定量离子对），m/z 461＞443。

m/z 461

m/z 443

m/z 426

201. 脱水四环素

anhydrotetracycline hydrochloride

CAS 号：13803-65-1。

结构式、分子式、分子量：

分子式：$C_{22}H_{23}ClN_2O_7$

分子量：462.88

溶解性：本品可溶于甲醇[6]。

主要用途：化妆品禁用原料（表 1-299）。

检验方法：化妆品安全技术规范 2.35，GB/T 24800.1，SN/T 3897。

检测器：DAD，MS（ESI 源）。

光谱图：

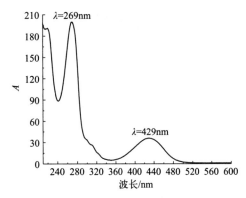

质谱图（ESI⁺）：

可能的裂解途径：m/z 427＞410（定量离子对），m/z 427＞154。

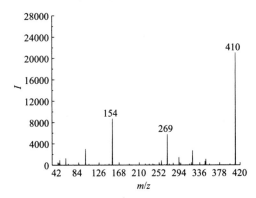

m/z 427

m/z 410

m/z 154

202. 维甲酸（视黄酸）

tretinoin

CAS 号：302-79-4。

结构式、分子式、分子量：

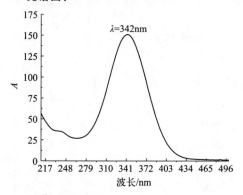

分子式：$C_{20}H_{28}O_2$

分子量：300.44

溶解性：本品在乙醇、异丙醇或三氯甲烷中微溶，在水中几乎不溶[2]。

主要用途：化妆品禁用原料（表1-1277）。

检验方法：化妆品安全技术规范2.28，GB/T 24800.3，GB/T 30940。

检测器：DAD，MS（ESI源）。

光谱图：

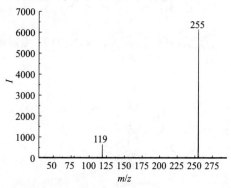

质谱图（ESI⁻）：

可能的裂解途径：m/z 299＞255（定量离子对），m/z 299＞119。

203. 维生素 D₂

vitamin D₂

CAS号：50-14-6。

结构式、分子式、分子量：

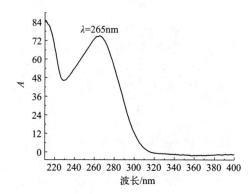

分子式：$C_{28}H_{44}O$

分子量：396.65

溶解性：本品在三氯甲烷中极易溶解，在乙醇、丙酮或乙醚中易溶，在植物油中略溶，在水中不溶[2]。

主要用途：化妆品禁用原料（表1-591）。

检验方法：化妆品安全技术规范2.29。

检测器：DAD，MS（ESI源）。

光谱图：

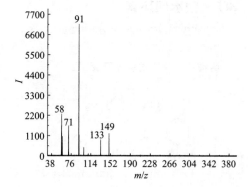

质谱图（ESI⁺）：

可能的裂解途径：m/z 398＞91（定量离子对），m/z 398＞149。

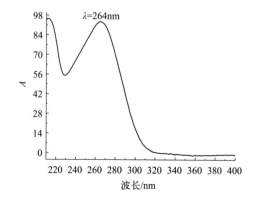

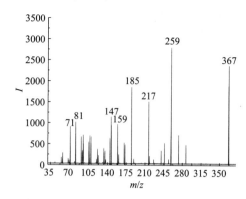

质谱图（ESI+）：

可能的裂解途径：$m/z\ 385 > 259$（定量离子对），$m/z\ 385 > 367$。

204. 维生素 D₃

vitamin D₃

CAS 号：67-97-0。

结构式、分子式、分子量：

分子式：$C_{27}H_{44}O$

分子量：384.64

溶解性：本品在乙醇、丙酮、三氯甲烷或乙醚中极易溶解，在植物油中略溶，在水中不溶[2]。

主要用途：化妆品禁用原料（表 1-591）。

检验方法：化妆品安全技术规范 2.29。

检测器：DAD，MS（ESI 源）。

光谱图：

$\lambda = 264nm$

205. 西咪替丁

cimetidine

CAS 号：51481-61-9。

结构式、分子式、分子量：

分子式：$C_{10}H_{16}N_6S$

分子量：252.34

溶解性：本品在甲醇中易溶，在乙醇中溶解，在异丙醇中略溶，在水中微溶，在稀盐酸中易溶[2]。

主要用途：化妆品禁用原料（表 1-1279）。

检验方法：化妆品安全技术规范 2.18。

检测器：DAD，MS（ESI 源）。

光谱图：

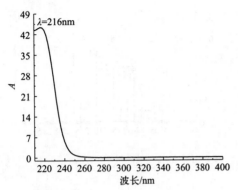

质谱图（ESI⁺）：

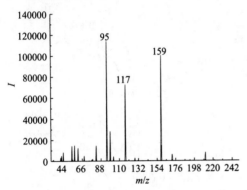

可能的裂解途径：m/z 253＞95（定量离子对），m/z 253＞159。

206. 5-硝基苯并咪唑

5-nitrobenzimidazole

CAS 号：94-52-0。

结构式、分子式、分子量：

分子式：$C_7H_5N_3O_2$

分子量：163.13

溶解性：本品可溶于甲醇[20]。

主要用途：化妆品禁用原料（表 1-299）。

检验方法：BJH 202202。

检测器：DAD，MS（ESI 源）。

光谱图：

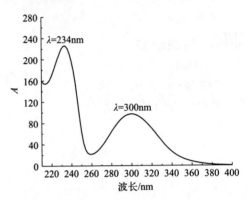

质谱图（ESI⁺）：

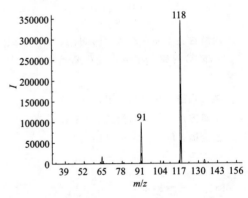

可能的裂解途径：m/z 164＞118（定量离子对），m/z 164＞91。

207. 2-硝基对苯二胺

2-nitro-p-phenylenediamine

CAS 号：5307-14-2。

结构式、分子式、分子量：

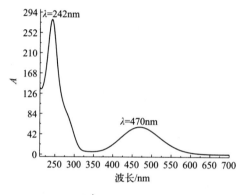

分子式：$C_6H_7N_3O_2$

分子量：153.14

溶解性：本品可溶于无水乙醇[1]。

主要用途：化妆品禁用原料（表1-129）。

检验方法：化妆品安全技术规范7.2。

检测器：DAD，MS（ESI源）。

光谱图：

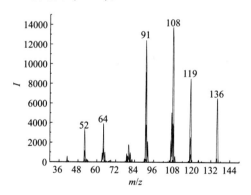

质谱图（ESI+）：

可能的裂解途径：m/z 154＞108（定量离子对），m/z 154＞91。

208. 硝酸咪康唑

miconazole nitrate

CAS号：228321-87-7。

结构式、分子式、分子量：

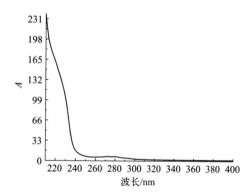

分子式：$C_{18}H_{15}Cl_4N_3O_4$

分子量：479.14

溶解性：本品在甲醇中略溶，在乙醇中微溶，在水或乙醚中不溶[2]。

主要用途：化妆品禁用原料（表1-299）。

检验方法：化妆品安全技术规范2.35，GB/T 40901。

检测器：DAD，MS（ESI源）。

光谱图：

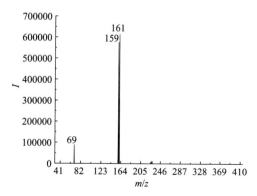

质谱图（ESI+）：

可能的裂解途径：m/z 417＞161（定量离子对），m/z 417＞159。

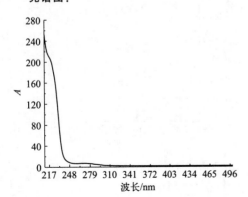

m/z 417

m/z 161 → *m/z* 159

209. 硝酸益康唑

econazole nitrate

CAS 号：24169-02-6。

结构式、分子式、分子量：

分子式：$C_{18}H_{16}Cl_3N_3O_4$

分子量：444.70

溶解性：本品在甲醇中易溶，在水中极微溶解[2]。

主要用途：化妆品禁用原料（表 1-299）。

检验方法：化妆品安全技术规范 2.35，GB/T 40901。

检测器：DAD，MS（ESI 源）。

光谱图：

A（纵轴），波长/nm（横轴）

质谱图（ESI⁺）：

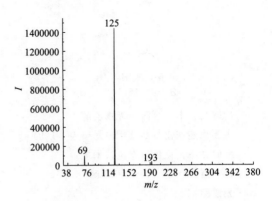

可能的裂解途径：*m/z* 381＞125（定量离子对），*m/z* 381＞193。

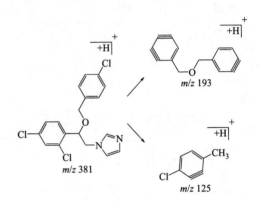

m/z 381

m/z 193

m/z 125

210. 新补骨脂异黄酮

neobavaisoflavone

CAS 号：41060-15-5。

结构式、分子式、分子量：

分子式：$C_{20}H_{18}O_4$

分子量：322.35

溶解性：本品水溶性较差[34]。

主要用途：化妆品禁用原料（表 1-666）。

检验方法：化妆品安全技术规范 2.8。

检测器：DAD，MS（ESI 源）。

光谱图：

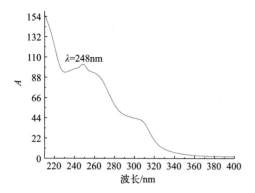

质谱图（ESI⁺）：

可能的裂解途径：m/z 323＞267（定量离子对），m/z 323＞255。

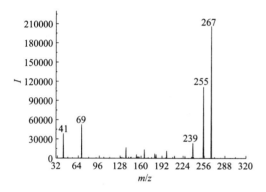

m/z 323

m/z 267

m/z 255

211. 新康唑

elubiol

CAS 号：67914-69-6。

结构式、分子式、分子量：

分子式：$C_{27}H_{30}Cl_2N_4O_5$

分子量：561.46

溶解性：本品可溶于甲醇[20]。

主要用途：化妆品禁用原料（表 1-299）。

检验方法：化妆品安全技术规范 2.35，BJH 202202。

检测器：DAD，MS（ESI 源）。

光谱图：

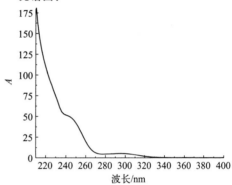

质谱图（ESI⁺）：

可能的裂解途径：m/z 561＞82（定量离子对），m/z 561＞250。

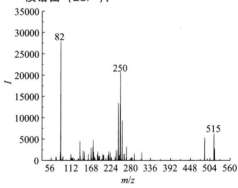

m/z 561

m/z 250

m/z 82

212. 辛可卡因

cinchocaine

CAS 号：85-79-0。

结构式、分子式、分子量：

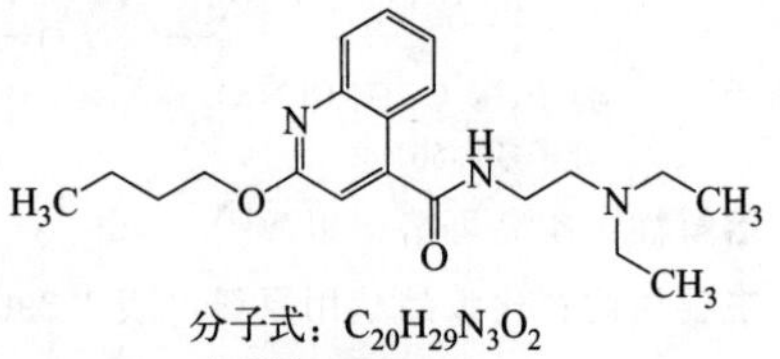

分子式：$C_{20}H_{29}N_3O_2$

分子量：343.46

溶解性：本品可溶于甲醇[1]。

主要用途：化妆品禁用原料（表 1-413）。

检验方法：化妆品安全技术规范 2.23，SN/T 4147。

检测器：DAD，MS（ESI 源）。

光谱图：

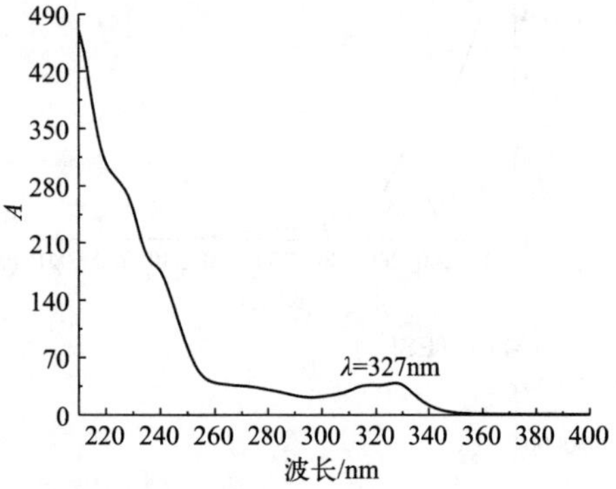

A
λ=327nm
波长/nm

质谱图（ESI$^+$）：

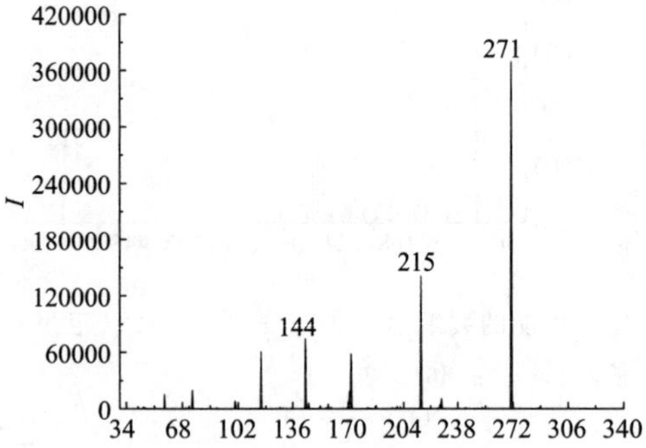

I
271
215
144
m/z

可能的裂解途径：m/z 344>271（定量离子对），m/z 344>215。

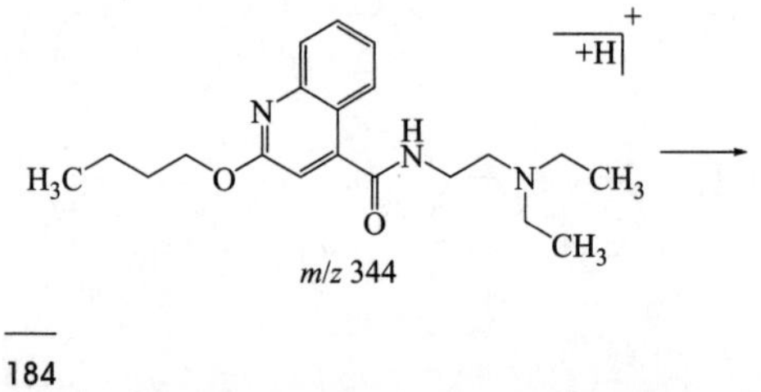

m/z 344

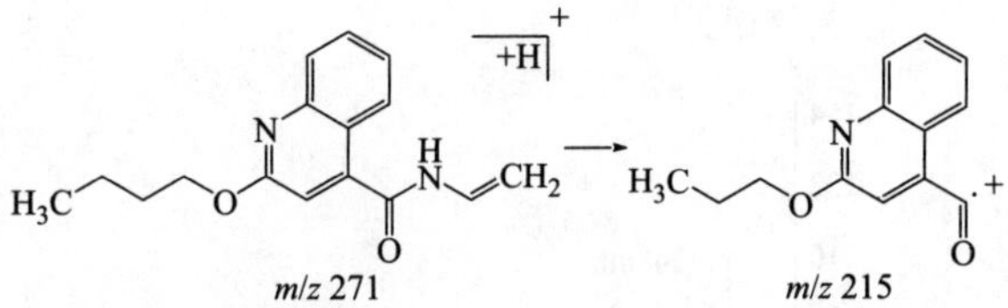

m/z 271
m/z 215

213. 溴苯那敏

brompheniramine

CAS 号：86-22-6。

结构式、分子式、分子量：

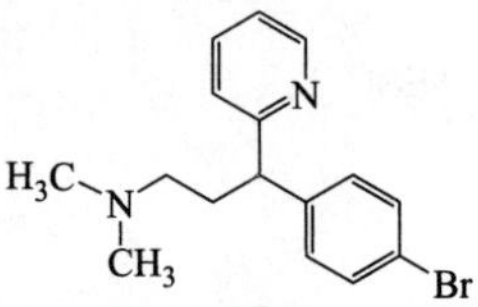

分子式：$C_{16}H_{19}BrN_2$

分子量：319.24

溶解性：本品可溶于甲醇[1]。

主要用途：化妆品禁用原料（表 1-1279）。

检验方法：化妆品安全技术规范 2.18，GB/T 32986。

检测器：DAD，MS（ESI 源）。

光谱图：

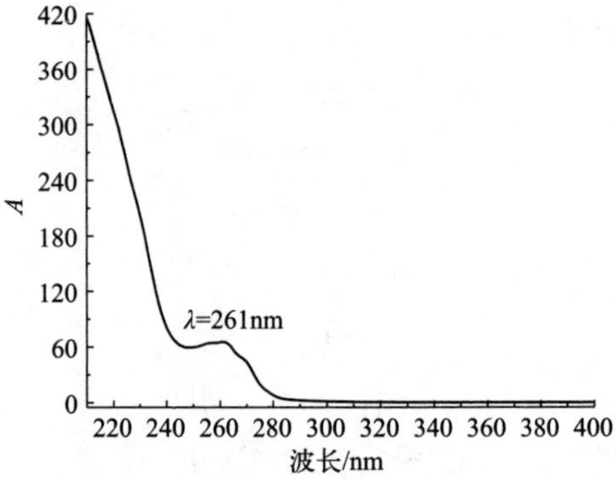

A
λ=261nm
波长/nm

质谱图（ESI$^+$）：

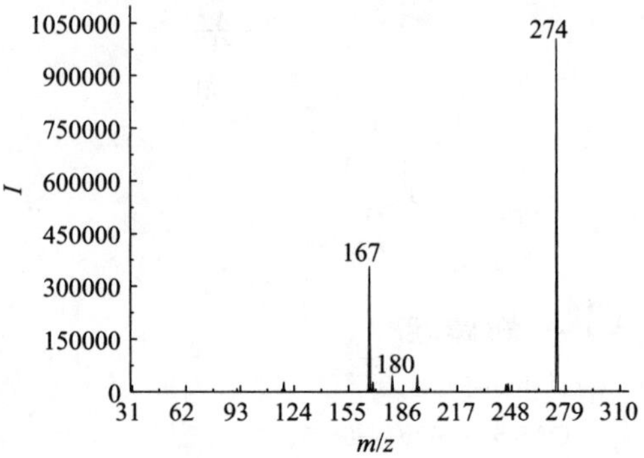

I
274
167
180
m/z

可能的裂解途径：m/z 319＞274（定量离子对），m/z 319＞167。

可能的裂解途径：m/z 135＞74（定量离子对），m/z 135＞104。

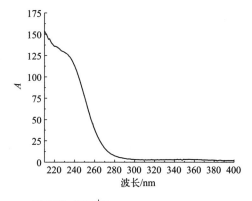

214. N-亚硝基二乙醇胺（NDELA）

N-nitrosodiethanolamine

CAS 号：1116-54-7。

结构式、分子式、分子量：

分子式：$C_4H_{10}N_2O_3$
分子量：134.13

溶解性：本品可溶于乙醇[35]。

主要用途：化妆品禁用原料（表 1-975）。

检验方法：GB/T 35956。

检测器：DAD，MS（ESI）。

光谱图：

215. 颜料橙 5

pigment orange 5

CAS 号：3468-63-1。

结构式、分子式、分子量：

分子式：$C_{16}H_{10}N_4O_5$
分子量：338.27

溶解性：本品不溶于水、乙醇、石蜡[3]。

主要用途：化妆品禁用原料（表 1-427）。

检验方法：化妆品安全技术规范 2.11，GB/T 34806，GB/T 29663，GB/T 30927，SN/T 4575。

检测器：DAD，MS（ESI 源）。

光谱图：

质谱图（ESI$^+$）：

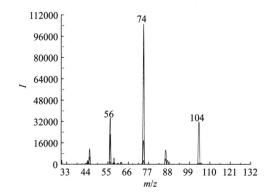

质谱图（ESI$^+$）：

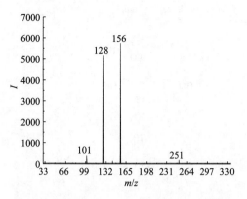

可能的裂解途径：m/z 339＞156（定量离子对），m/z 339＞128。

m/z 339

m/z 156

m/z 128

216. 盐酸苯海拉明

diphenhydramine hydrochloride

CAS 号：147-24-0。

结构式、分子式、分子量：

分子式：$C_{17}H_{22}ClNO$

分子量：291.82

溶解性：本品在水中极易溶解，在乙醇或三氯甲烷中易溶，在丙酮中略溶，在乙醚中极微溶解[2]。

主要用途：化妆品禁用原料（表 1-1279）。

检验方法：化妆品安全技术规范 2.18，GB/T 32986。

检测器：DAD，MS（ESI 源）。

光谱图：

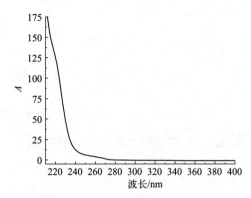

波长/nm

质谱图（ESI$^+$）：

m/z

可能的裂解途径：m/z 256＞167（定量离子对），m/z 256＞152。

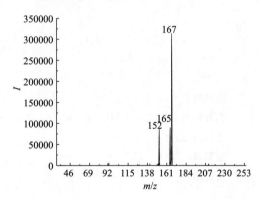

m/z 256

m/z 167

m/z 152

217. 盐酸丁卡因

tetracaine hydrochloride

CAS 号：136-47-0。

结构式、分子式、分子量：

分子式：$C_{15}H_{25}ClN_2O_2$

分子量：300.82

溶解性：本品在水中易溶，在乙醇中溶解，在乙醚中不溶[2]。

主要用途：化妆品禁用原料（表 1-956）。

检验方法：化妆品安全技术规范 2.23，GB/T 40895，SN/T 4147。

检测器：DAD，ELCD，MS（ESI 源）。

光谱图：

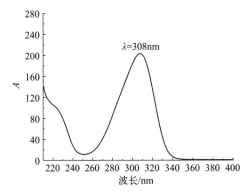

质谱图（ESI$^+$）：

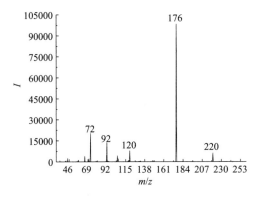

可能的裂解途径：m/z 265＞176（定量离子对），m/z 265＞72。

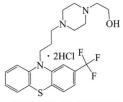

218. 盐酸氟奋乃静

fluphenazine hydrochloride

CAS 号：146-56-5。

结构式、分子式、分子量：

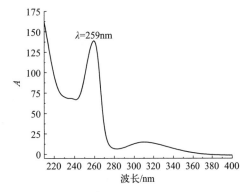

分子式：$C_{22}H_{28}Cl_2F_3N_3OS$
分子量：510.44

溶解性：本品在水中易溶，在乙醇中略溶，在丙酮中极微溶解，在乙醚中不溶[2]。

主要用途：化妆品禁用原料（表 1-1279）。

检验方法：化妆品安全技术规范 2.18。

检测器：DAD，MS（ESI 源）。

光谱图：

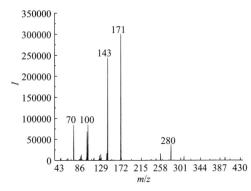

质谱图（ESI$^+$）：

可能的裂解途径：m/z 438＞171（定量离子对），m/z 438＞143。

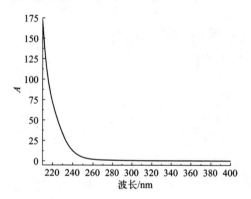

m/z 171 → m/z 143

可能的裂解途径：m/z 425＞126（定量离子对），m/z 425＞377。

219. 盐酸克林霉素

clindamycin hydrochloride

CAS 号：21462-39-5。

结构式、分子式、分子量：

m/z 425

m/z 377 → m/z 126

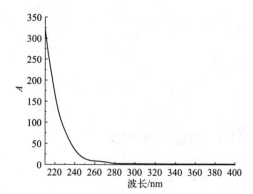

分子式：$C_{18}H_{34}Cl_2N_2O_5S$

分子量：461.44

溶解性：本品在水中极易溶解，在甲醇或吡啶中易溶，在乙醇中微溶，在丙酮中几乎不溶[2]。

主要用途：化妆品禁用原料（表 1-299）。

检验方法：化妆品安全技术规范 2.35，GB/T 41710。

检测器：DAD，MS（ESI 源）。

光谱图：

220. 盐酸利多卡因

lidocaine hydrochloride

CAS 号：73-78-9。

结构式、分子式、分子量：

分子式：$C_{14}H_{23}ClN_2O$

分子量：270.8

溶解性：本品在水或乙醇中易溶，在三氯甲烷中溶解，在乙醚中不溶[2]。

主要用途：化妆品禁用原料（表 1-861）。

检验方法：化妆品安全技术规范 2.23，SN/T 4147。

检测器：DAD，MS（ESI 源）。

光谱图：

质谱图（ESI+）：

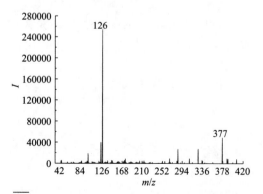

质谱图（ESI$^+$）：

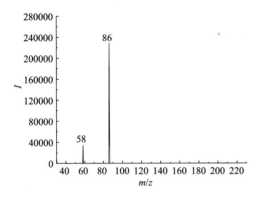

光谱图：

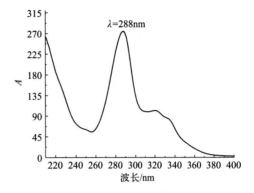

可能的裂解途径：m/z 235＞86（定量离子对），m/z 235＞58。

质谱图（ESI$^+$）：

可能的裂解途径：m/z 352＞265（定量离子对），m/z 352＞308。

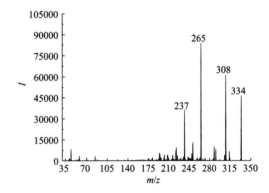

221. 盐酸洛美沙星

lomefloxacin hydrochloride

CAS 号：98079-52-8。

结构式、分子式、分子量：

分子式：$C_{17}H_{20}ClF_2N_3O_3$

分子量：387.81

溶解性：本品在水中微溶，在甲醇和乙醇中几乎不溶，在氢氧化钠试液中易溶，在稀盐酸中极微溶解[2]。

主要用途：化妆品禁用原料（表 1-299）。

检验方法：化妆品安全技术规范 2.35，GB 29692，GB/T 20366，GB/T 21312，GB/T 39999，SN/T 4393。

检测器：DAD，FLD，MS（ESI 源）。

222. 盐酸萘替芬

naftifine hydrochloride

CAS 号：65473-14-5。

结构式、分子式、分子量：

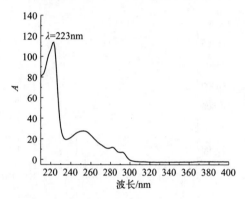

分子式：C$_{21}$H$_{22}$NCl

分子量：323.86

溶解性：本品在甲醇、三氯甲烷中易溶，在水中几乎不溶[2]。

主要用途：化妆品禁用原料（表1-299）。

检验方法：化妆品安全技术规范2.35。

检测器：DAD，MS（ESI源）。

光谱图：

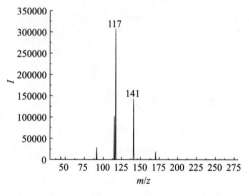

质谱图（ESI$^+$）：

可能的裂解途径：m/z 288＞117（定量离子对），m/z 288＞141。

---

223. 盐酸普鲁卡因

procaine hydrochloride

CAS号：51-05-8。

结构式、分子式、分子量：

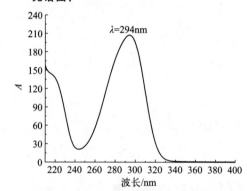

分子式：C$_{13}$H$_{21}$ClN$_2$O$_2$

分子量：272.77

溶解性：本品在水中易溶，在乙醇中略溶，在三氯甲烷中微溶，在乙醚中几乎不溶[2]。

主要用途：化妆品禁用原料（表1-1064）。

检验方法：化妆品安全技术规范2.23。

检测器：DAD，MS（ESI源）。

光谱图：

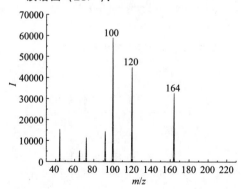

可能的裂解途径：m/z 237＞100（定量离子对），m/z 237＞120。

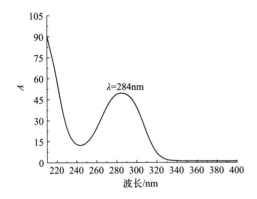

$m/z\ 120$ → $m/z\ 100$

224. 盐酸普鲁卡因胺

procainamide hydrochloride

CAS 号：614-39-1。

结构式、分子式、分子量：

分子式：C$_{13}$H$_{22}$ClN$_3$O
分子量：271.79

溶解性：本品在水中易溶，在乙醇中溶解，在三氯甲烷中微溶，在乙醚中极微溶解[2]。

主要用途：化妆品禁用原料（表 1-1064）。

检验方法：化妆品安全技术规范 2.23。

检测器：DAD，MS（ESI 源）。

光谱图：

$\lambda=284nm$

质谱图（ESI$^+$）：

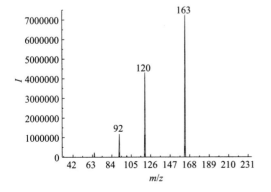

可能的裂解途径：$m/z\ 236>163$（定量离子对），$m/z\ 236>120$。

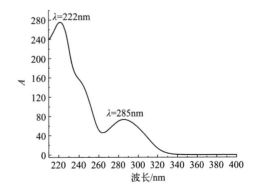

$m/z\ 236$

$m/z\ 163$ → $m/z\ 120$

225. 盐酸赛庚啶

cyproheptadine hydrochloride

CAS 号：41354-29-4。

结构式、分子式、分子量：

分子式：C$_{21}$H$_{22}$ClN
分子量：323.86

溶解性：本品在甲醇中易溶，在三氯甲烷中溶解，在乙醇中略溶，在水中微溶，在乙醚中几乎不溶[2]。

主要用途：化妆品禁用原料（表 1-1279）。

检验方法：化妆品安全技术规范 2.18。

检测器：DAD，MS（ESI 源）。

光谱图：

$\lambda=222nm$

$\lambda=285nm$

质谱图（ESI⁺）：

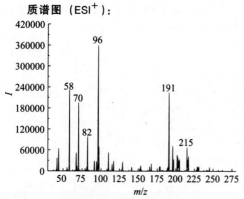

可能的裂解途径：m/z 288＞96（定量离子对），m/z 288＞191。

质谱图（ESI⁺）：

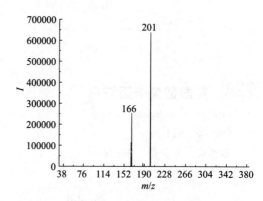

可能的裂解途径：m/z 389＞201（定量离子对），m/z 389＞166。

226. 盐酸西替利嗪

cetirizine hydrochloride

CAS 号：83881-52-1。

结构式、分子式、分子量：

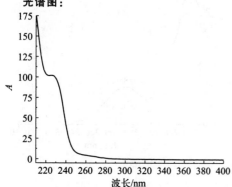

分子式：$C_{21}H_{25}ClN_2O_3 \cdot 2HCl$
分子量：461.81

溶解性：本品在水中易溶，在甲醇或乙醇中溶解，在三氯甲烷或丙酮中几乎不溶[2]。

主要用途：化妆品禁用原料（表 1-1279）。

检验方法：化妆品安全技术规范 2.18。

检测器：DAD，MS（ESI 源）。

光谱图：

227. 氧氟沙星

ofloxacin

CAS 号：82419-36-1。

结构式、分子式、分子量：

分子式：$C_{18}H_{20}FN_3O_4$
分子量：361.37

溶解性：本品略溶于三氯甲烷，微溶和极微溶于水和甲醇，易溶于冰乙酸和氢氧化钠溶液，可溶于 0.1mol/L 盐酸溶液[2]。

主要用途：化妆品禁用原料（表 1-299）。

检验方法：化妆品安全技术规范 2.35，GB/T 39999，SN/T 4393。

检测器：DAD，FLD，MS（ESI 源）。

光谱图：

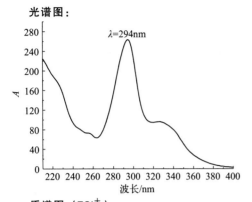

质谱图（ESI⁺）：

可能的裂解途径：m/z 362＞318（定量离子对），m/z 362＞261。

m/z 362

m/z 318 → *m/z* 261

228. 异丙嗪

promethazine

CAS 号：60-87-7。

结构式、分子式、分子量：

分子式：$C_{17}H_{20}N_2S$

分子量：284.42

溶解性：本品易溶于水，溶于乙醇、氯仿，几乎不溶于乙醚、丙酮、乙酸乙酯[3]。

主要用途：化妆品禁用原料（表1-1279）。

检验方法：化妆品安全技术规范2.18。

检测器：DAD，MS（ESI 源）。

光谱图：

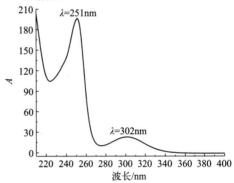

质谱图（ESI⁺）：

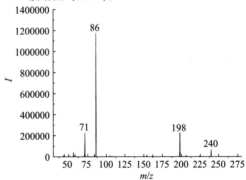

可能的裂解途径：m/z 285＞86（定量离子对），m/z 285＞198。

m/z 285 → *m/z* 198

m/z 86

229. 异丙硝唑

ipronidazole

CAS 号：14885-29-1。

结构式、分子式、分子量：

分子式：$C_7H_{11}N_3O_2$

分子量：169.18

溶解性：本品可溶于甲醇[20]。

主要用途：化妆品禁用原料（表 1-299）。

检验方法：化妆品安全技术规范 2.35，BJH 202202。

检测器：DAD，MS（ESI 源）。

光谱图：

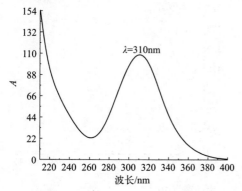

质谱图（ESI+）：

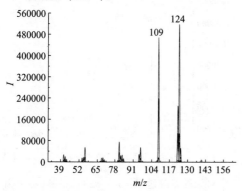

可能的裂解途径：m/z 170＞124（定量离子对），m/z 170＞109。

230. 异补骨脂素

isopsoralen

CAS 号：523-50-2。

结构式、分子式、分子量：

分子式：$C_{11}H_6O_3$
分子量：186.16

溶解性：本品可溶于甲醇和乙腈[1]。

主要用途：化妆品禁用原料（表 1-666）。

检验方法：化妆品安全技术规范 2.8，GB/T 30935。

检测器：DAD，MS（ESI 源）。

光谱图：

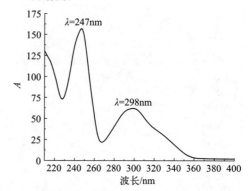

质谱图（ESI+）：

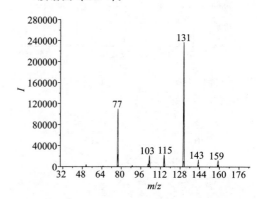

可能的裂解途径：m/z 187＞131（定量离子对），m/z 187＞77。

231. 乙二醇二甲醚

ethylene glycol dimethyl ether

CAS 号：110-71-4。

结构式、分子式、分子量：

$H_3C\!-\!O$⌣$O\!-\!CH_3$

分子式：$C_4H_{10}O_2$
分子量：90.12

溶解性：本品能与水和乙醇混溶，溶于烃类溶剂[4]。

主要用途：化妆品禁用原料（表1-666）。

检验方法：GB/T 35894。

检测器：DAD。

光谱图：

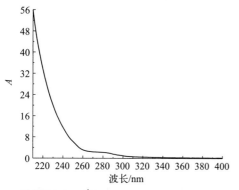

质谱图（ESI$^+$）：

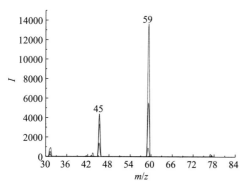

可能的裂解途径：m/z 91＞59（定量离子对），m/z 91＞45。

232. 异氟泼尼松

9-fluoroprednisolone

CAS 号：338-95-4。

结构式、分子式、分子量：

分子式：$C_{21}H_{27}FO_5$

分子量：378.43

溶解性：本品可溶于乙腈[1]。

主要用途：化妆品禁用原料（表1-601）。

检验方法：化妆品安全技术规范2.34。

检测器：DAD，MS（ESI 源）。

光谱图：

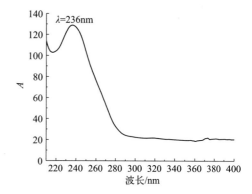

质谱图（ESI$^+$）：

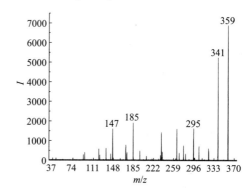

可能的裂解途径：m/z 379＞359（定量离子对），m/z 379＞341。

233. 依诺沙星

enoxacin

CAS 号：74011-58-8。

结构式、分子式、分子量：

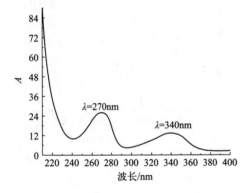

分子式：$C_{15}H_{17}FN_4O_3$
分子量：320.32

溶解性：本品微溶于甲醇，极微溶于乙醇，不溶于水，易溶于冰乙酸和氢氧化钠溶液[2]。

主要用途：化妆品禁用原料（表 1-299）。

检验方法：化妆品安全技术规范 2.35，GB/T 39999，SN/T 4393。

检测器：DAD，FLD，MS（ESI 源）。

光谱图：

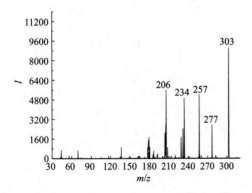

$\lambda=270nm$

$\lambda=340nm$

质谱图（ESI$^+$）：

可能的裂解途径：m/z 321＞303（定量离子对），m/z 321＞206。

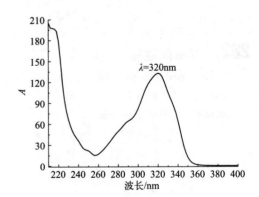

m/z 321

m/z 303　　　　m/z 206

234. 7-乙氧基-4-甲基香豆素

7-ethoxy-4-methylcoumarin

CAS 号：87-05-8。

结构式、分子式、分子量：

分子式：$C_{12}H_{12}O_3$
分子量：204.22

溶解性：本品溶于乙醇、甲醇、冰乙酸，微溶于乙醚、氯仿，几乎不溶于冷水[4]。

主要用途：化妆品禁用原料（表 1-250）。

检验方法：化妆品安全技术规范 2.36，GB/T 35798。

检测器：DAD，MS（ESI 源）。

光谱图：

$\lambda=320nm$

质谱图（ESI+）：

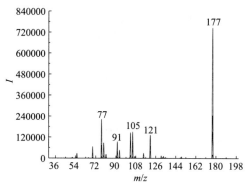

可能的裂解途径：m/z 205＞177（定量离子对），m/z 205＞77。

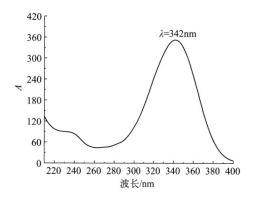

m/z 205　　　　m/z 177　　　　m/z 77

235. 孕三烯酮

gestrinone

CAS 号：16320-04-0。

结构式、分子式、分子量：

分子式：$C_{21}H_{24}O_2$

分子量：308.41

溶解性： 本品可溶于乙腈[1]。

主要用途： 化妆品禁用原料（表 1-1280）。

检验方法： 化妆品安全技术规范 2.34。

检测器： DAD，MS（ESI 源）。

光谱图：

$\lambda=342nm$

质谱图（ESI+）：

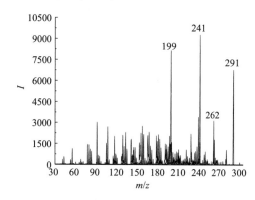

可能的裂解途径：m/z 309＞241（定量离子对），m/z 309＞199。

m/z 309

m/z 241　　　　m/z 199

236. 竹桃霉素

oleandomycin phosphate

CAS 号：7060-74-4。

结构式、分子式、分子量：

分子式：$C_{35}H_{64}NO_{16}P$

分子量：785.85

溶解性： 本品易溶于酸性水溶液和甲醇、乙腈、乙酸乙酯、氯仿、乙醚等极性溶液[36]。

主要用途： 化妆品禁用原料（表 1-299）。

检验方法： 化妆品安全技术规范 2.35，

GB/T 35951。

检测器：DAD，MS（ESI 源）。

光谱图：

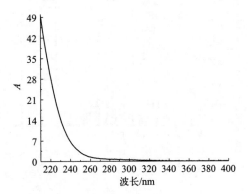

质谱图（ESI$^+$）：

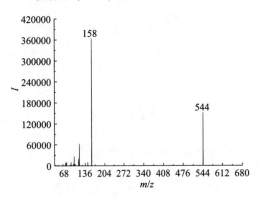

可能的裂解途径：m/z 688＞544（定量离子对），m/z 688＞158。

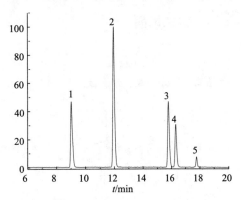

237. 比马前列素等 5 种物质

总离子流图：

色谱柱：Agilent ZORBAX SB-C$_{18}$ 柱（100mm×2.1mm，3.5μm）；流速：0.3mL/min；柱温：30℃；进样量：1μL；流动相：A 为 5mmol/L 乙酸铵溶液（含 0.05％甲酸），B 为乙腈。

梯度洗脱程序						
时间/min	0	1	15	18	19	22
A/％	80	80	45	5	80	80
B/％	20	20	55	95	20	20

离子源：电喷雾正离子源（ESI$^+$）；电喷雾正离子源（ESI$^-$）；扫描方式：MRM；雾化气压力：38psi（氮气）；电喷雾电压：4000V；干燥气温度：350℃；干燥气流速：10.0mL/min；化合物定量和定性离子质谱参数略。

1. 比马前列素；2. 他氟乙酰胺；3. 拉坦前列素；

4. 曲伏前列素；5. 他氟前列素

238. 补骨脂素等 4 种物质

液相色谱图：

色谱柱：Agilent TC-C$_{18}$ 柱（250mm×4.6mm，5μm）；流速：1.0mL/min；进样量：10μL；柱温：35℃；检测波长：246nm；流动相 A 为 0.1％乙酸水溶液，流动相：B 为乙腈。

梯度洗脱程序						
时间/min	0	2	12	13	15	16
A/％	60	60	30	10	10	60
B/％	40	40	70	90	90	40

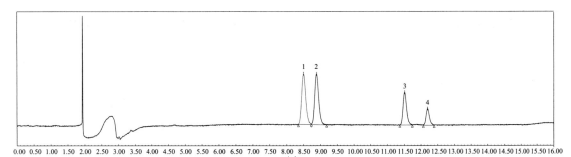

1.补骨脂素（8.497）；2.异补骨脂素（8.886）；3.新补骨脂异黄酮（11.511）；4.补骨脂二氢黄酮（12.197）

239. 地氯雷他定 15 种

总离子流图：

色谱柱：ZORBAX SB-C$_{18}$（100mm×2.1mm，1.8μm）；柱温：40℃；流速：0.25mL/min；流动相：A 为 0.2%甲酸水溶液，B 为甲醇。

梯度洗脱程序

时间/min	0	3	6	7	11	12.5	13	16
A/%	60	50	40	35	0	0	60	60
B/%	40	50	60	65	100	100	40	40

离子源：电喷雾离子源（ESI 源），正离子扫描；检测方式：多反应监测（MRM）；电喷雾电压：5500V；离子源温度：500℃；气帘气：30psi（1psi＝6894.76Pa，下同）；碰撞气：9psi。离子源：电喷雾离子源（ESI 源），负离子扫描；检测方式：多反应监测（MRM）；电喷雾电压：4500V；离子源温度：500℃；气帘气：30psi；碰撞气：9psi；化合物定量和定性离子质谱参数略。

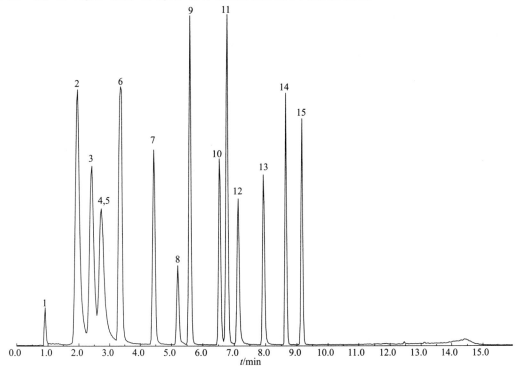

1.地氯雷他定（0.91）；2.氯苯那敏（1.95）；3.阿司咪唑（2.41）；4.曲吡那敏（2.72）；5.溴苯那敏（2.72）；6.苯海拉明（3.36）；7.异丙嗪（4.43）；8.羟嗪（5.20）；9.奋乃静（5.59）；10.西替利嗪（6.53）；11.氟奋乃静（6.76）；12.氯丙嗪（7.12）；13.氯雷他定（7.93）；14.特非他定（8.64）；15.赛庚啶（9.16）

240. 二氯甲烷等 14 种物质

气相色谱图：

检测器：氢火焰离子化检测器（FID）；色谱柱：DB-1，30m×0.32mm×0.25μm；进样口温度：180℃；检测器温度：200℃；分流比：10∶1；进样量：1.0μL；升温程序：初温35℃，保持 5min，以 5℃/min 速率升至120℃，以 30℃/min 速率升至220℃。

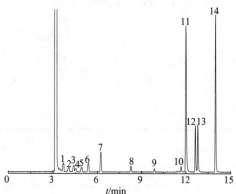

1.二氯甲烷；2.1,1-二氯乙烷；3.1,2-二氯乙烷；
4.三氯甲烷；5.1,2-二氯乙烯；6.苯；7.三氯乙烯；
8.甲苯；9.四氯乙烯；10.乙苯；11.间、对-二甲苯；
12.苯乙烯；13.邻-二甲苯；14.异丙苯

241. 米诺环素等 7 种物质

液相色谱图：

色谱柱：Agilent ZORBAX SB-C$_{18}$（250mm×4.6mm，5μm）；柱温：30℃；检测器波长：268nm；进样量：10μL；流速：0.8mL/min；流动相：A 为 0.01mol/L 草酸溶液（磷酸调节水溶液 pH 至 2.0），B 为甲醇（67∶33，体积比）。

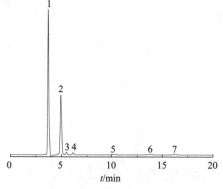

1.米诺环素；2.甲硝唑；3.土霉素；
4.四环素；5.金霉素；6.多西环素；7.氯霉素

242. 酸性黄 36 等 13 种物质

液相色谱图：

色谱柱：Agilent Poreshell 120 EC-C18 柱（100mm×3.0mm，2.7μm）；流速：1.0mL/min；进样量：10μL；柱温：35℃；检测波长：416nm、514nm、590nm；流 动 相 A 为 0.01mol/L 乙酸铵溶液，流动相：B 为乙腈。

梯度洗脱程序

时间/min	0	3	6	9	11	14	15	18
A/%	75	62	53	20	2	2	75	75
B/%	25	38	47	80	98	98	25	25

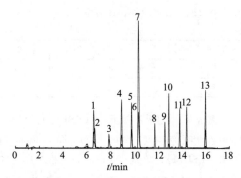

1.酸性黄 36；2.分散黄 7；3.颜料红 53；4.溶剂红49；5.酸性紫 10；6.颜料橙 5；7.苏丹红Ⅰ；8.苏丹红Ⅱ；9.苏丹红Ⅳ；10.酸性紫 49；11.碱性紫 1；12.碱性紫 3；13.溶剂蓝 35

243. 普鲁卡因胺等 7 种物质

液相色谱图：

色 谱 柱：Agilent TC-C$_{18}$（250mm×4.6mm，5μm）；柱温：30℃；检测器波长：230nm；进样量：5μL；流速：1.0mL/min；流动相：A 为 0.01mol/L 磷酸氢二钠，B 为甲醇。

梯度洗脱程序

时间/min	0	6	7	15	16	25
A/%	40	40	20	20	40	40
B/%	60	60	80	80	60	60

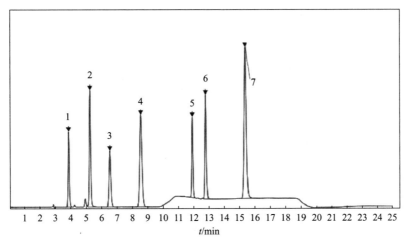

1.普卢卡因胺（3.864）；2.苯佐卡因（5.247）；3.普鲁卡因（6.535）；
4.氯普鲁卡因（8.545）；5.利多卡因（11.911）；6.丁卡因（12.783）；7.辛可卡因（15.38）

244. 16α-羟基泼尼松龙

总离子流图：

色谱柱：Agilent ZORBAX SB-C$_{18}$ 柱（100mm×2.1mm，3.5μm）；流速：0.3mL/min；柱温：30℃；进样量：1μL；流动相：A 为水，B 为乙腈。

梯度洗脱程序

时间/min	0	1	10	13	13.10	15
A/%	95	95	5	5	95	95
B/%	5	5	95	95	5	5

离子源：电喷雾正离子源（ESI＋）；电喷雾正离子源（ESI－）；扫描方式：MRM；雾化气压力：38psi（氮气）；电喷雾电压：4000V；干燥气温度：350℃；干燥气流速：10.0mL/min；化合物定量和定性离子质谱参数略。

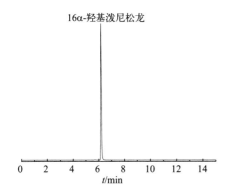

16α-羟基泼尼松龙

245. 新康唑等8种物质

总离子流图：

色谱柱：Agilent ZORBAX SB-C$_{18}$ 柱（100mm × 2.1mm，3.5μm）；流动相：A-0.1%甲酸溶液，B-乙腈。流速：0.3mL/min；柱温：40℃；进样量：1μL。

梯度洗脱程序

时间/min	0	2	5	6	7.5	5	10
A/%	90	90	70	40	40	90	90
B/%	10	10	30	60	60	10	10

离子源：电喷雾正离子源（ESI＋）；电喷雾正离子源（ESI－）；扫描方式：MRM；雾化气压力：38psi（氮气）；电喷雾电压：4000V；干燥气温度：350℃；干燥气流速：10.0mL/min；化合物定量和定性离子质谱参数略。

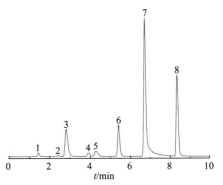

1.羟基甲硝唑；2.洛硝哒唑；3.苯硝咪唑；4.氯甲硝咪唑；5.替硝唑；6.奥硝唑；7.异丙硝唑；8.新康唑

246. 4种雌激素

液相色谱图：

色谱柱：Agilent TC-C$_{18}$（250mm×4.6mm，5μm）；柱温：30℃；检测器波长：204nm；进样体积：10μL；流速：1.3mL/min；流动相：水-甲醇（40∶60，体积比）。

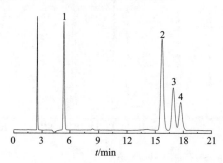

1.雌三醇；2.雌酮；3.雌二醇；4.己烯雌酚

247. 63种激素

总离子流图：

色谱柱：ACQUITY UPLC® BEH C$_{18}$（150mm×2.1mm，1.7μm）；柱温：40℃；进样体积：5μL；流速：0.3mL/min；流动相：A为0.1%甲酸溶液，B为乙腈。

梯度洗脱程序

时间/min	0	24	26	27	31	时间/min	0	24	26	27	31
A/%	95	15	15	95	95	B/%	5	85	85	5	5

离子源：电喷雾离子源（ESI源），正离子扫描；检测方式：多反应监测（MRM）；电喷雾电压：5500V；离子源温度：550℃；气帘气：30psi；碰撞气：9psi；化合物定量和定性离子质谱参数略。

负离子4种

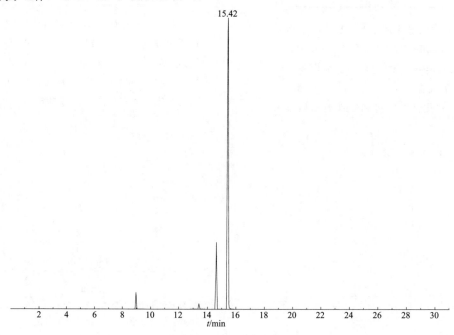

正离子 59 种

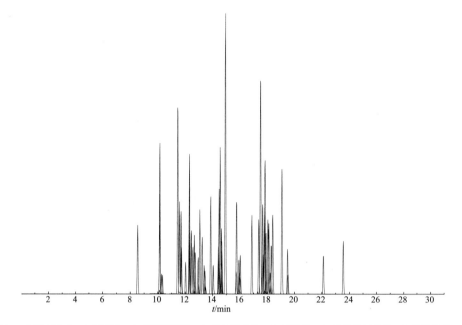

1.曲安西龙；2.泼尼松龙；3.泼尼松；4.异氟泼尼松；5.氢化可的松；6.可的松；7.甲基泼尼松龙；8.倍他米松；9.地塞米松；10.氟米松；11.倍氯米松；12.曲安奈德；13.地索奈德；14.氟尼缩松；15.氟轻松；16.曲安西龙双醋酸酯；17.氟氢缩松；18.泼尼松龙醋酸酯；19.氟米龙；20.氢化可的松醋酸酯；21.氟氢可的松醋酸酯；22.地夫可特；23.泼尼松醋酸酯；24.可的松醋酸酯；25.卤美他松；26.甲基泼尼松龙醋酸酯；27.倍他米松醋酸酯；28.睾酮；29.地塞米松醋酸酯；30.布地奈德；31.氢化可的松丁酸酯；32.孕三烯酮；33.氟米龙醋酸酯；34.甲基睾丸酮；35.氢化可的松戊酸酯；36.曲安奈德醋酸酯；37.二氟拉松双醋酸酯；38.氟轻松醋酸酯；39.炔诺孕酮；40.倍他米松戊酸酯；41.哈西奈德；42.泼尼卡酯；43.氯替泼诺；44.阿氯米松双丙酸酯；45.安西奈德；46.卤倍他索丙酸酯；47.氯倍他索丙酸酯；48.氟替卡松丙酸酯；49.莫米他松糠酸酯；50.醋酸甲地孕酮；51.醋酸氯地孕酮；52.倍他米松双丙酸酯；53.黄体酮；54.醋酸甲羟孕酮；55.倍氯米松双丙酸酯；56.双氟可龙戊酸酯；57.氯倍他松丁酸酯；58.己酸羟孕酮；59.环索奈德；60.雌二醇；61.雌三醇；62.雌酮；63.己烯雌酚

248. 36 种抗感染药物

总离子流图：

色谱柱：Agilent ZORBAX SB-C$_{18}$ 柱（150mm × 2.1mm，5μm）；流动相：A 为 5mmol 乙酸铵溶液（用乙酸调 pH 为 4.0），B 为乙腈。流速：0.4mL/min；柱温：40℃；进样量：10μL。

梯度洗脱程序

时间/min	0	14	17	17.1	20
A/%	98	1	1	98	98
B/%	2	99	99	2	2

离子源：电喷雾正离子源（ESI＋）；电喷雾正离子源（ESI－）；扫描方式：MRM；雾化气压力：38psi（氮气）；电喷雾电压：4000V；干燥气温度：350℃；干燥气流速：9.0mL/min；化合物定量和定性离子质谱参数略。

正离子 35 种

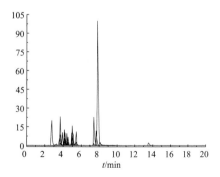

负离子 1 种

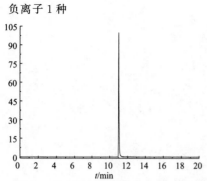

1. 甲硝唑；2. 林可霉素；3. 呋喃它酮；4. 磺胺吡啶；
5. 土霉素；6. 依诺沙星；7. 诺氟沙星；8. 磺胺甲嘧啶；
9. 氟罗沙星；10. 氧氟沙星；11. 培氟沙星；12. 环丙沙
星；13. 米诺环素；14. 四环素；15. 恩诺沙星；16. 磺
胺甲二唑；17. 磺胺甲氧嗪；18. 氟康唑；19. 沙拉沙
星；20. 克林霉素磷酸酯；21. 双氟沙星；22. 磺胺氯哒
嗪；23. 金霉素；24. 莫西沙星；25. 克林霉素；26. 多西
环素；27. 磺胺甲噁唑；28. 氯霉素；29. 酮康唑；30. 阿
奇霉素；31. 克拉霉素；32. 罗红霉素；33. 灰黄霉素；
34. 联苯苄唑；35. 克霉唑；36. 螺内酯

249. 4 种萘二酚

液相色谱图：

色谱柱：Agilent TC-C$_{18}$ （250mm ×
4.6mm，5μm）；柱温：30℃；检测器波长：
230nm；进样量：20μL；流速：1.0mL/min；
流动相：A 为 0.1% 乙酸溶液，B 为甲醇。

梯度洗脱程序

时间/min	0	35	35.01	40
A/%	75	45	75	75
B/%	25	55	25	25

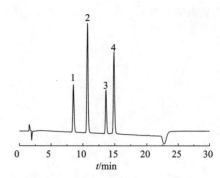

1. 1,5-萘二酚；2. 2,7-萘二酚；3. 1,7-萘二酚；
4. 2,3-萘二酚

250. 3 种雄激素和孕激素

液相色谱图：

色谱柱：Agilent TC-C$_{18}$ （250mm ×
4.6mm，5μm）；柱温：40℃；柱温：30℃；
检测器波长：245nm；进样体积：10μL；流
速：1.3mL/min；流动相：水-甲醇（20∶80，
体积比）。

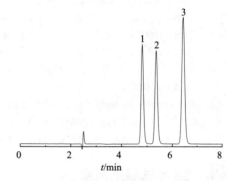

1. 睾丸酮；2. 甲基睾丸酮；3. 黄体酮

参考文献

[1] 国家食品药品监督管理总局化妆品标准专家委员会. 化妆品安全技术规范（2015 年版）[M]. 北京：人民卫生出版
社，2018.

[2] 国家药典委员会. 中华人民共和国药典（二部）[M]. 北京：中国医药科技出版社，2020.

[3] 王箴. 化工辞典[M]. 第四版. 北京：化学工业出版社，2000.

[4] 李云章. 试剂手册[M]. 第三版. 上海：上海科学技术出版社，2002.

[5] BJH 202102 化妆品中比马前列素等 5 种组分的测定.

[6] GB/T 24800.1—2009 化妆品中九种四环素类抗生素的测定 高效液相色谱法.

[7] 许博舟，许秀丽，国伟，等. 高效液相色谱-串联质谱法同时测定饮料中 8 种香豆素类化合物[J]. 食品安全质量检测学报，
2021，12(19)：7578-7584.

[8] 汪辉，陈波. 食品色谱和质谱分析手册[M]. 北京：化学工业出版社，2020.

[9] 刘运明，周长美，吴健. 气相色谱-质谱联用法测定乳液类化妆品中的氮芥[J]. 中国卫生检验杂志，2015，25(04)：

477-479.

[10] 荆云梅.地氯雷他定口腔速溶膜剂的研制[D].苏州:苏州大学,2019.

[11] 吉彩霓,岳振峰,谢丽琪,等.高效液相色谱法同时检测水产品中 7 种四环素类抗生素残留的研究[J].中国兽医科技,2005,10:820-826.

[12] 鹏搏,晓琴.染料过敏性和过敏性染料问题[J].染整技术,2000,22(005):10-12.

[13] 方双琪.联合用药下硝基呋喃代谢物在鲫鱼体内的残留与消除规律研究[D].舟山:浙江海洋大学,2021.

[14] 沈丹丹,曾令高,许娟,等.激光粒度仪测定环索奈德粒度分布的应用研究[J].中国抗生素杂志,2019,44(08):946-952.

[15] 马双成,张才煜.化学药品对照品图谱集-质谱[M].北京:中国医药科技出版社,2014.

[16] GB/T 24800.6—2009 化妆品中二十一种磺胺的测定 高效液相色谱法.

[17] 周公度.化学辞典[M].北京:化学工业出版社,2004.

[18] 魏云计,朱臻怡,冯民,等.液相色谱-串联质谱负离子模式测定鸡肉中磺胺硝苯的残留[J].肉类研究,2016,30(08):35-38.

[19] 曹海荣,李丹,薛晓康,等.UPLC-MS/MS 测定化妆品中 7 种禁用物质残留[J].化学研究与应用,2019,31(7):1387-1393.

[20] BJH 202202 化妆品中新康唑等8种组分的测定.

[21] 冯闻铮,元平言,周偶,等.螺旋霉素在酸碱溶液中的降解动力学[J].药学学报,1997,32(12):934-937.

[22] GB/T 35949—2018 化妆品中禁用物质马兜铃酸 A 的测定 高效液相色谱法.

[23] 赵越,王明伟,孙莹莹,等.盐酸莫西沙星氯化钠注射液的制备研究[J].中国药剂学杂志,2021,19(05):145-153.

[24] 于梦,孙玲,张云,等.HPLC 法测定皮肤角质层贴片中 3 种保湿物质含量[J].食品与药品,2022,24(02):138-143.

[25] 陈立坚,黄金凤,何敏恒,等.反相高效液相色谱法同时测定化妆品中 7 种萘二酚类物质[J].色谱,2012,30(06):630-634.

[26] 刘笑笑,曹蔚,王四旺.欧前胡素的提取分离方法和药理学研究进展[J].现代生物医学进展,2010,10(20):3954-3956.

[27] GB/T 35797—2018 化妆品中帕地马酯的测定 高效液相色谱法.

[28] 马秋冉,杨星,杨秀玉,等.顶空气相色谱法检测羟基甲硝唑对照品中的残留溶剂[J].中国兽药杂志,2020,54(06):56-60.

[29] BJH 202203 化妆品中 16α-羟基泼尼松龙的测定.

[30] 张毕奎,陈本美,朱运贵,等.HPLC-MS 测定人血浆中盐酸羟嗪及其在健康人体药动学研究中的应用[J].药物分析杂志,2008,28(04):516-519.

[31] 吉彩霓,岳振峰,谢丽琪,等.高效液相色谱法同时检测水产品中 7 种四环素类抗生素残留的研究[J].中国兽医科技,2005,10:820-826.

[32] 陈诚,童青平,唐达.不同表面活性剂对盐酸沙拉沙星溶解度影响[J].中国动物保健,2016,18(12):81-84.

[33] GB/T 35951—2018 化妆品中螺旋霉素等8种大环内酯类抗生素的测定 液相色谱-串联质谱法.

[34] 周焕,耿祥艳,刘清,等.高效液相色谱法测定补骨脂中新补骨脂异黄酮含量[J].中华全科医学,2016,14(11):1802-1805+1869.

[35] GB/T 35956—2018 化妆品中 N-亚硝基二乙醇胺(NDELA)的测定 高效液相色谱-串联质谱.

[36] 朱世超.水产品中大环内酯类抗生素残留量检测方法的研究[D].厦门:集美大学,2012.

已使用原料

1. 白藜芦醇

resveratrol

CAS 号：501-36-0。

结构式、分子式、分子量：

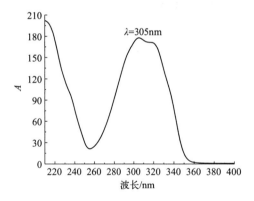

分子式：$C_{14}H_{12}O_3$
分子量：228.24

溶解性：本品难溶于水，易溶于乙醚、三氯甲烷、甲醇、乙醇、丙酮、乙酸乙酯等有机溶剂[1]。

主要用途：化妆品已使用原料。

检验方法：暂无色谱和质谱的化妆品检测标准方法。

检测器：DAD，MS（ESI 源）。

光谱图：

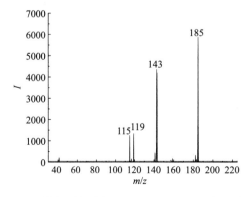

质谱图（ESI⁻）：

可能的裂解途径：m/z 227＞185（定量离子对），m/z 227＞143。

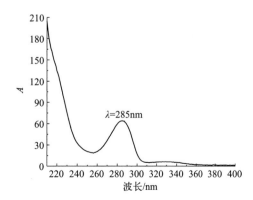

2. 吡哆素

pyridoxine

CAS 号：12001-77-3。

结构式、分子式、分子量：

分子式：$C_8H_{11}NO_3$
分子量：169.18

溶解性：本品易溶于水，微溶于乙醇，不溶于乙醚或氯仿[2]。

主要用途：化妆品已使用原料。

检验方法：GB/T 33309。

检测器：DAD，FLD，MS（ESI 源）。

光谱图：

质谱图（ESI$^+$）：

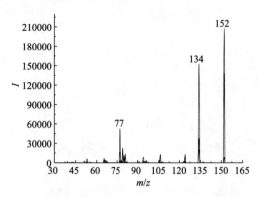

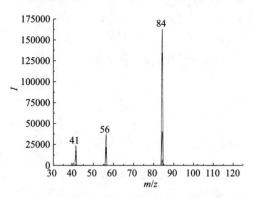

可能的裂解途径：m/z 170＞152（定量离子对），m/z 170＞134。

可能的裂解途径：m/z 130＞84（定量离子对），m/z 130＞56。

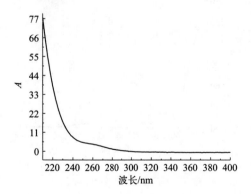

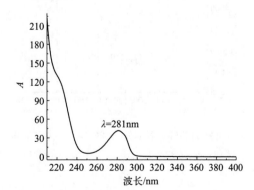

3. 吡咯烷酮羧酸钠

sodium L-pyroglutamate

CAS 号：28874-51-3。

结构式、分子式、分子量：

分子式：$C_5H_6NNaO_3$

分子量：151.10

溶解性：本品易溶于水，难溶于有机溶剂[3]。

主要用途：化妆品已使用原料。

检验方法：GB/T 35799。

检测器：DAD，MS（ESI 源，EI 源）。

光谱图：

4. 4-丁基间苯二酚

4-butylresorcinol

CAS 号：18979-61-8。

结构式、分子式、分子量：

分子式：$C_{10}H_{14}O_2$

分子量：166.22

溶解性：本品可溶于甲醇[4]。

主要用途：化妆品已使用原料。

检验方法：化妆品安全技术规范 8.1，GB/T 35954。

检测器：DAD，MS（ESI 源）。

光谱图：

质谱图（ESI⁺）：

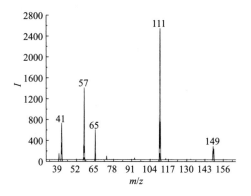

可能的裂解途径：m/z 167＞111（定量离子对），m/z 167＞57。

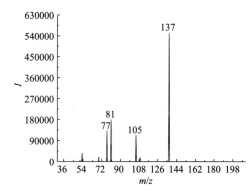

光谱图：

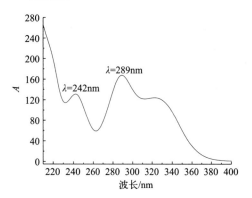

质谱图（ESI⁺）：

可能的裂解途径：m/z 215＞137（定量离子对），m/z 215＞81。

5. 二苯酮-1

benzophenone-1

CAS 号：131-56-6。

结构式、分子式、分子量：

分子式：$C_{13}H_{10}O_3$
分子量：214.22

溶解性：1g 本品溶于 7.5mL 乙醇、6mL 乙醚，溶于氯仿，不溶于水[5]。

主要用途：化妆品已使用原料。

检验方法：GB/T 35916，SN/T 5151。

检测器：DAD，MS（ESI 源）。

6. 二苯酮-2

benzophenone-2

CAS 号：131-55-5。

结构式、分子式、分子量：

分子式：$C_{13}H_{10}O_5$
分子量：246.22

溶解性：本品溶于乙腈、甲醇等多种有机试剂[6]。

主要用途：化妆品已使用原料。

检验方法：化妆品安全技术规范 5.2，GB/T 35916，SN/T 5151。

检测器：DAD，MS（ESI 源）。

光谱图：

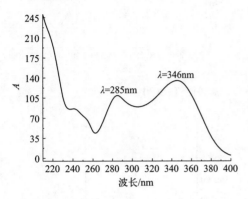

质谱图（ESI+）：

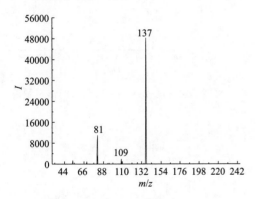

可能的裂解途径：m/z 247＞137（定量离子对），m/z 247＞81。

7. 二苯酮-6

benzophenone-6

CAS 号：131-54-4。

结构式、分子式、分子量：

分子式：$C_{15}H_{14}O_5$

分子量：274.27

溶解性：本品可溶于四氢呋喃[7]。

主要用途：化妆品已使用原料。

检验方法：GB/T 35916，SN/T 5151。

检测器：DAD，MS（ESI 源）。

光谱图：

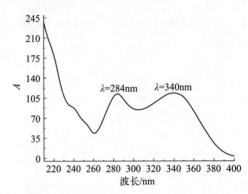

质谱图（ESI+）：

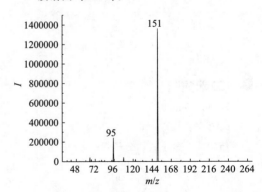

可能的裂解途径：m/z 275＞151（定量离子对），m/z 275＞95。

8. 二苯酮-8

benzophenone-8

CAS 号：131-53-3。

结构式、分子式、分子量：

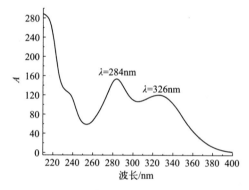

分子式：$C_{14}H_{12}O_4$
分子量：244.24

溶解性：本品可溶于四氢呋喃[7]。

主要用途：化妆品已使用原料。

检验方法：GB/T 35916，SN/T 5151。

检测器：DAD，MS（ESI 源）。

光谱图：

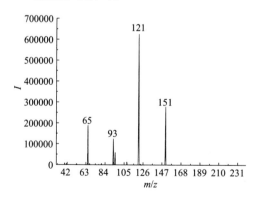

质谱图（ESI+）：

可能的裂解途径：m/z 245＞121（定量离子对），m/z 245＞151。

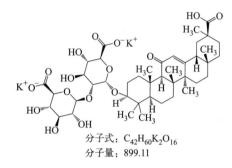

9. 甘草酸二钾

dipotassium glycyrrhizate

CAS 号：68797-35-3

结构式、分子式、分子量：

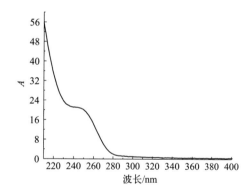

分子式：$C_{42}H_{60}K_2O_{16}$
分子量：899.11

溶解性：本品易溶于水，溶于乙醇，不溶于油脂[8]。

主要用途：化妆品已使用原料。

检验方法：GB/T 35954，SN/T 1475。

检测器：DAD，MS（ESI 源）。

光谱图：

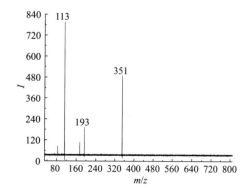

质谱图（ESI−）：

可能的裂解途径：m/z 821＞113（定量离子对），m/z 821＞351。

质谱图（ESI⁻）：

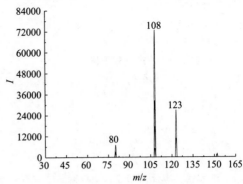

可能的裂解途径：m/z 167＞108（定量离子对），m/z 167＞123。

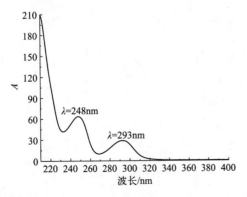

m/z 821

m/z 351　　　　m/z 113

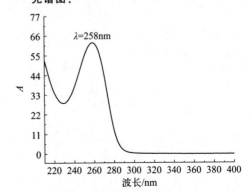

m/z 167　　　　m/z 123　　　　m/z 108

10. 4-甲氧基水杨酸钾

4-potassium methoxysalic ylate

CAS 号：152312-71-5。

结构式、分子式、分子量：

分子式：$C_8H_7KO_4$

分子量：206.24

溶解性：本品可溶于水[9]。

主要用途：化妆品已使用原料。

检验方法：化妆品安全技术规范 8.1，GB/T 35954。

检测器：DAD，MS（ESI 源）。

光谱图：

$\lambda=248$nm

$\lambda=293$nm

波长/nm

11. 抗坏血酸磷酸酯镁

magnesium ascorbyl phosphate

CAS 号：113170-55-1。

结构式、分子式、分子量：

分子式：$C_6H_7MgO_9P$

分子量：278.39

溶解性：本品可溶于水[9]。

主要用途：化妆品已使用原料。

检验方法：化妆品安全技术规范 8.1，GB/T 30926，GB/T 35954。

检测器：DAD，MS（ESI 源）。

光谱图：

$\lambda=258$nm

波长/nm

质谱图（ESI$^+$）：

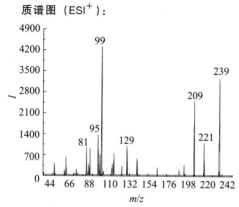

可能的裂解途径：m/z 257＞99（定量离子对），m/z 257＞239。

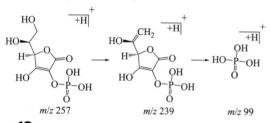

m/z 257　　　　m/z 239　　　　m/z 99

12. 抗坏血酸葡糖苷

ascorbyl glucoside

CAS 号：129499-78-1。

结构式、分子式、分子量：

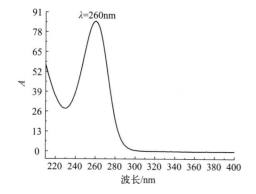

分子式：$C_{12}H_{18}O_{11}$

分子量：338.26

溶解性：本品可溶于水[9]。

主要用途：化妆品已使用原料。

检验方法：化妆品安全技术规范 8.1，GB/T 30926，GB/T 35954。

检测器：DAD，MS（ESI 源）。

光谱图：

质谱图（ESI$^+$）：

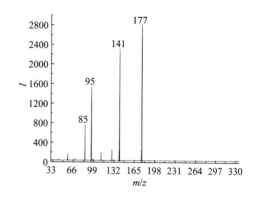

可能的裂解途径：m/z 339＞177（定量离子对），m/z 339＞141。

m/z 339

m/z 177　　　　　　m/z 141

13. 邻苯二甲酸二甲酯

dimethyl phthalate

CAS 号：131-11-3。

结构式、分子式、分子量：

分子式：$C_{10}H_{10}O_4$

分子量：194.18

溶解性：本品能与乙醇、乙醚和氯仿混溶，几乎不溶于水、石油醚和烷烃[5]。

主要用途：化妆品已使用原料。

检验方法：化妆品安全技术规范 2.30，GB/T 28599，SN/T 4902。

检测器：DAD，FID，MS（ESI 源，EI 源）。

光谱图：

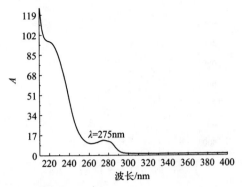

质谱图（ESI⁺）：

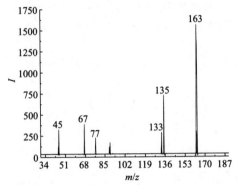

可能的裂解途径：m/z 195＞163（定量离子对），m/z 195＞135。

检测器：DAD，MS（ESI 源）。

光谱图：

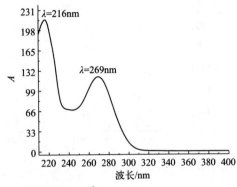

质谱图（ESI⁺）：

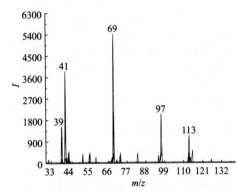

可能的裂解途径：m/z 143＞69（定量离子对），m/z 143＞97。

14. 曲酸

kojic acid

CAS 号：501-30-4

结构式、分子式、分子量：

分子式：$C_6H_6O_4$
分子量：142.11

溶解性：本品与水、乙醇、丙酮混溶，部分溶于乙醚、乙酸乙酯、氯仿、吡啶[2]。

主要用途：化妆品已使用原料。

检验方法：化妆品安全技术规范 8.1，GB/T 35954，GB/T 29662。

15. 香豆素

coumarin

CAS 号：91-64-5。

结构式、分子式、分子量：

分子式：$C_9H_6O_2$
分子量：146.14

溶解性：本品易溶于乙醇、乙醚、氯仿、

挥发油和氢氧化钠溶液中，微溶于沸水[5]。

主要用途： 化妆品已使用原料。

检验方法： 化妆品安全技术规范 2.36，GB/T 35798。

检测器： DAD，MS（ESI 源）。

光谱图：

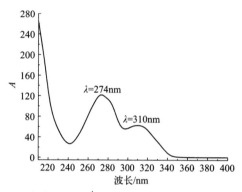

质谱图（ESI⁺）：

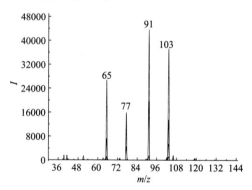

可能的裂解途径：m/z 147＞103（定量离子对），m/z 147＞91。

m/z 147 → m/z 103 → m/z 91

16. 香兰素

vanillin

CAS 号： 121-33-5。

结构式、分子式、分子量：

分子式：$C_8H_8O_3$

分子量：152.15

溶解性： 本品易溶于乙醇、氯仿、乙醚、

二硫化碳、冰乙酸和吡啶，溶于油类和氢氧化碱溶液[5]。

主要用途： 化妆品已使用原料。

检验方法： 暂无色谱和质谱的化妆品检测标准方法。

检测器： DAD，MS（ESI 源）。

光谱图：

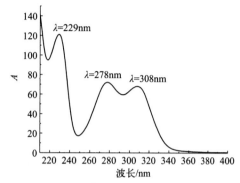

质谱图（ESI⁺）：

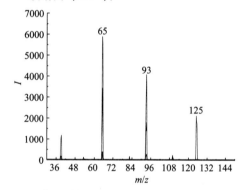

可能的裂解途径：m/z 153＞65（定量离子对），m/z 153＞93。

m/z 153 → m/z 93 → m/z 65

17. β-熊果苷

β-arbutin

CAS 号： 497-76-7

结构式、分子式、分子量：

分子式：$C_{12}H_{16}O_7$

分子量：272.25

溶解性：本品溶于水及乙醇，不溶于氯仿、乙醚及二硫化碳[5]。

主要用途：化妆品已使用原料。

检验方法：化妆品安全技术规范 8.2，GB/T 35954，SN/T 1475。

检测器：DAD，FLD，MS（ESI 源）。

光谱图：

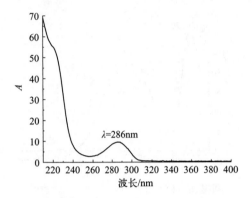

质谱图（ESI⁻）：

可能的裂解途径：m/z 271＞108（定量离子对），m/z 271＞161。

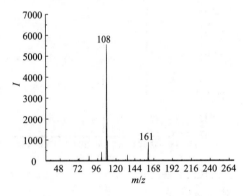

18. 烟酸

nicotinic acid

CAS 号：59-67-6

结构式、分子式、分子量：

分子式：$C_6H_5NO_2$

分子量：123.11

溶解性：本品易溶于沸水、沸乙醇和碱金属氢氧化物及碳酸盐溶液，微溶于水、乙醇，不溶于乙醚[2]。

主要用途：化妆品已使用原料。

检验方法：GB/T 29664。

检测器：DAD，MS（ESI 源）。

光谱图：

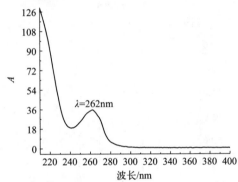

质谱图（ESI⁺）：

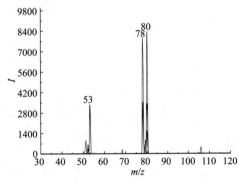

可能的裂解途径：m/z 124＞80（定量离子对），m/z 124＞78。

19. 烟酰胺

nicotinamide

CAS：98-92-0。

结构式、分子式、分子量：

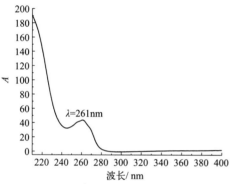

分子式：$C_6H_6N_2O$

分子量：122.12

溶解性： 本品易溶于水、乙醇和甘油[2]。

主要用途： 化妆品已使用原料。

检验方法： 化妆品安全技术规范 8.1，GB/T 29664，GB/T 35954。

检测器： DAD，MS（ESI 源）。

光谱图：

$\lambda=261nm$

质谱图（ESI$^+$）：

53　78　80　96　106

可能的裂解途径：m/z 123＞80（定量离子对），m/z 123＞53。

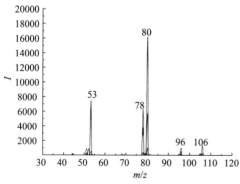

20. 3-O-乙基抗坏血酸

3-O-ethyl ascorbic acid

CAS 号：86404-04-8。

结构式、分子式、分子量：

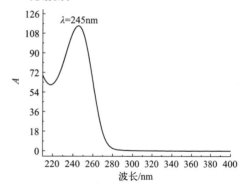

分子式：$C_8H_{12}O_6$

分子量：204.18

溶解性： 本品可溶于水[9]。

主要用途： 化妆品已使用原料。

检验方法： 化妆品安全技术规范 8.1，GB/T 30926，GB/T 35954。

检测器： DAD，MS（ESI 源）。

光谱图：

$\lambda=245nm$

质谱图（ESI$^+$）：

57　85　95　111　139　141　157　136

可能的裂解途径：m/z 205＞95（定量离子对），m/z 205＞141。

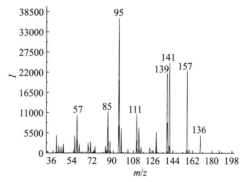

21. 乙基香兰素

ethyl vanillin

CAS 号：121-32-4。

结构式、分子式、分子量：

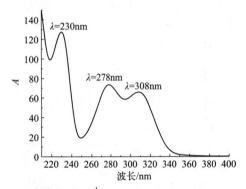

分子式：$C_9H_{10}O_3$

分子量：166.17

溶解性：本品微溶于水，溶于乙醇、丙二醇[10]。

主要用途：化妆品已使用原料。

检验方法：暂无色谱和质谱的化妆品检测标准方法。

检测器：DAD，MS（ESI 源）。

光谱图：

质谱图（ESI$^+$）：

可能的裂解途径：m/z 167＞93（定量离子对），m/z 167＞65。

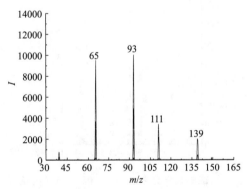

m/z 167　　m/z 93　　m/z 65

22. 15种香豆素类和10种二苯酮类物质

多反应监测图：

色谱柱：Zorbax SB-C$_{18}$（RRHD）（2.1mm×150mm，1.8μm）；柱温：30℃；进样体积：2μL；流速：0.2mL/min；流动相：A 为 0.1% 甲酸水溶液（含 0.5mmol/L 的乙酸铵），B 为乙腈。

梯度洗脱程序

时间/min	0	5	15	15.01	17	17.01
A/%	60	60	20	20	0	60
B/%	40	40	80	80	100	40

离子源：电喷雾离子源（ESI 源），正离子扫描；检测方式：多反应监测（MRM）；毛细管电压：3500 V；雾化器压力：40psi；干燥气温度：350℃；干燥气流速：8 L/h；碰撞气：高纯氮气；化合物定量和定性离子质谱参数略。

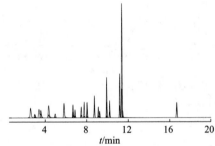

1.6-羟基-7-甲氧基香豆素；2.7-羟基香豆素；3.羟甲豆素；4.7-甲氧基香豆素；5.二苯酮-2；6.6,7-二甲氧基香豆素；7.香豆素；8.7-甲基香豆素；9.5-甲氧基补骨脂素；10.六氢化香豆素；11.二苯酮-1；12.7-乙氧基-4-甲基香豆素；13.醋硝香豆素；14.二苯酮-8；15.2-氨基-5-硝基二苯酮；16.苯丙香豆素；17.3-（1-萘基）-4-羟基香豆素；18.二苯酮-6；19.2-氨基-5-氯二苯酮；20.二苯酮-7；21.二苯酮-3；22.环香豆素；23.二苯酮-10；24.4,6-二甲基-8-叔丁基香豆素；25.二苯酮-12。

参考文献

[1] 李洁,熊兴耀,曾建国,等.白藜芦醇的研究进展[J].中国现代中药,2013,15(02):100-108.

[2] 周公度.化学辞典[M].北京:化学工业出版社,2004.

[3] 邹建凯.化妆品高级原料--吡咯烷酮羧酸钠[J].今日科技,1990(4):15.

[4] 国家食品药品监督管理总局化妆品标准专家委员会.化妆品安全技术规范(2015 年版)[M].北京:人民卫生出版社,2018.

[5] 李云章.试剂手册[M].第 3 版.上海:上海科学技术出版社,2002.

[6] 陈蓓,李莉,吉文亮.高效液相色谱法测定化妆品中二苯酮-2,二苯酮-3 和甲氧基肉桂酸乙基己酯[J].环境监测管理与技术,2010,22(6).61-63

[7] 曲宝成,边海涛,毛希琴,等.高效液相色谱法测定化妆品中 11 种二苯酮类紫外线吸收剂[J].色谱;2015,33(12):1327-1332.

[8] 刘心同,李佩暖,王岩,等.甘草酸二钾的极谱法测定及其应用[J].中国卫生检验杂志,2005(12):1435-1436+1459.

[9] GB/T 35954—2018 化妆品中 10 种美白祛斑剂的测定 高效液相色谱法.

[10] 中国食品添加剂和配料协会.食品添加剂手册[M].北京:中国轻工业出版社,2012.

其他

1. 苯酰菌胺

zoxamide

CAS 号：156052-68-5。

结构式、分子式、分子量：

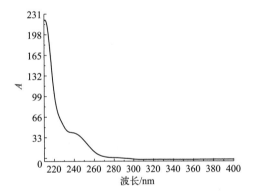

分子式：$C_{14}H_{16}Cl_3NO_2$
分子量：336.64

溶解性（mg/L，20℃）：水 0.681[1]。

主要用途：其他。

检验方法：暂无色谱和质谱的化妆品检测标准方法。

检测器：DAD，MS（ESI 源，EI 源）。

光谱图：

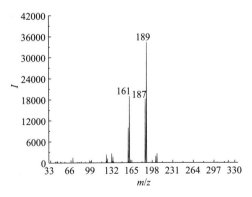

质谱图（ESI+）：

可能的裂解途径：m/z 338＞189（定量离子对），m/z 338＞161。

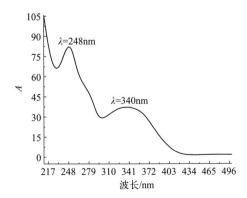

2. 吡咯并喹啉醌二钠

pyrroloquinoline quinone disodium salt

CAS 号：122628-50-6。

结构式、分子式、分子量：

分子式：$C_{14}H_4N_2Na_2O_8$
分子量：374.17

溶解性：本品能溶于乙腈-水（1：3，体积比）[2]。

主要用途：其他。

检验方法：暂无色谱和质谱的化妆品检测标准方法。

检测器：DAD，MS（ESI 源）。

光谱图：

质谱图（ESI⁻）：

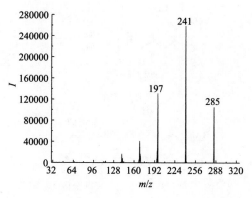

光谱图：

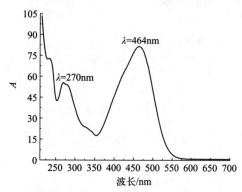

可能的裂解途径：m/z 329＞241（定量离子对），m/z 329＞197。

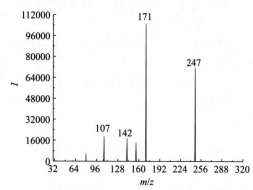

质谱图（ESI⁻）：

可能的裂解途径：m/z 327＞171（定量离子对），m/z 327＞247。

3. 橙黄Ⅰ

orange Ⅰ

CAS 号：523-44-4。

结构式、分子式、分子量：

分子式：$C_{16}H_{11}N_2NaO_4S$

分子量：350.32

溶解性：本品能溶于水和乙醇[3]。

主要用途：其他。

检验方法：化妆品安全技术规范 6.2。

检测器：DAD，MS（ESI 源）。

4. 二苯酮-7

benzophenone-7

CAS 号：85-19-8。

结构式、分子式、分子量：

分子式：$C_{13}H_9ClO_2$

分子量：232.66

溶解性： 本品可溶于四氢呋喃[4]。

主要用途： 其他。

检验方法： GB/T 35916。

检测器： DAD，MS（ESI 源）。

光谱图：

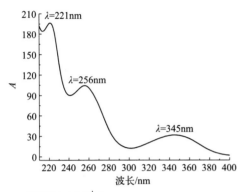

质谱图（ESI$^+$）：

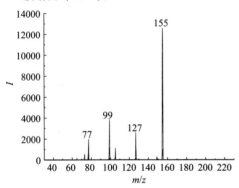

可能的裂解途径：m/z 233＞155（定量离子对），m/z 233＞99。

5. 二苯酮-10

benzophenone-10

CAS 号： 1641-17-4。

结构式、分子式、分子量：

分子式：$C_{15}H_{14}O_3$

分子量：242.27

溶解性： 本品可溶于四氢呋喃[4]。

主要用途： 其他。

检验方法： GB/T 35916，SN/T 5151。

检测器： DAD，MS（ESI 源）。

光谱图：

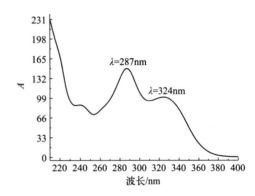

质谱图（ESI$^+$）：

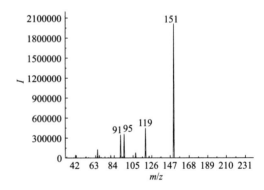

可能的裂解途径：m/z 245＞151（定量离子对），m/z 245＞119。

6. 二苯酮-12

benzophenone-12

CAS 号： 1843-05-6。

结构式、分子式、分子量：

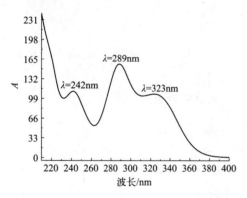

分子式：C$_{21}$H$_{26}$O$_3$
分子量：326.43

溶解性：本品可溶于四氢呋喃[4]。

主要用途：其他。

检验方法：GB/T 35916，SN/T 5151。

检测器：DAD，MS（ESI 源）。

光谱图：

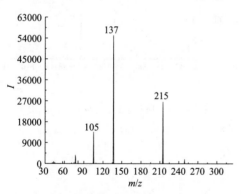

质谱图（ESI$^+$）：

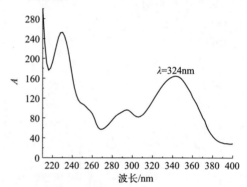

可能的裂解途径：m/z 327＞137（定量离子对），m/z 327＞215。

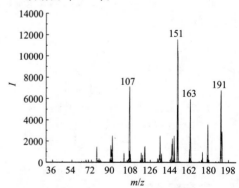

7. 6,7-二甲氧基香豆素

6,7-dimethoxycoumarin

CAS 号：120-08-1。

结构式、分子式、分子量：

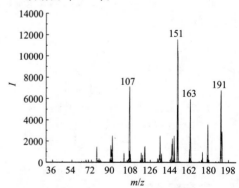

分子式：C$_{11}$H$_{10}$O$_4$
分子量：206.19

溶解性：本品易溶于乙醇、丙酮、氯仿、难溶于水、不溶于石油醚[5]。

主要用途：其他。

检验方法：暂无色谱和质谱的化妆品检测标准方法。

检测器：DAD，MS（ESI 源）。

光谱图：

质谱图（ESI$^+$）：

可能的裂解途径：m/z 207＞151（定量离子对），m/z 207＞107。

8. 二乙胺

diethylamine

CAS 号：109-89-7。

结构式、分子式、分子量：

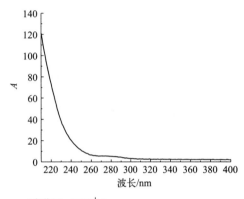

分子式：$C_4H_{11}N$

分子量：73.14

溶解性： 本品能与水、乙醇混溶[3]。

主要用途： 其他。

检验方法： 化妆品安全技术规范1.8。

检测器： DAD，ELCD，MS（ESI源）。

光谱图：

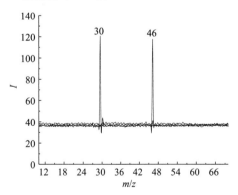

质谱图（ESI[+]）：

可能的裂解途径： m/z 74＞46（定量离子对），m/z 74＞30。

9. 二乙二醇二甲醚

diethylene glycol dimethyl ether

CAS 号：111-96-6。

结构式、分子式、分子量：

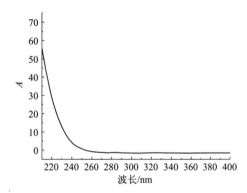

分子式：$C_6H_{14}O_3$

分子量：134.17

溶解性： 本品能与水、乙醇、乙醚和烃类溶剂混溶[3]。

主要用途： 其他。

检验方法： GB/T 35894。

检测器： DAD，FID，MS（ESI源，EI源）。

光谱图：

质谱图（ESI[+]）：

可能的裂解途径： m/z 135＞45（定量离子对），m/z 135＞73。

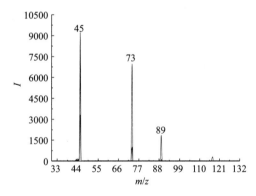

10. 分散黄 7

disperse yellow 7

CAS 号：6300-37-4。

结构式、分子式、分子量：

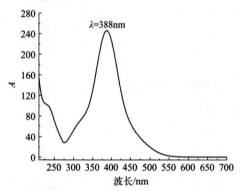

分子式：$C_{19}H_{16}N_4O$
分子量：316.36

溶解性：本品能溶于有机溶剂、几乎不溶于水[6]。

主要用途：其他。

检验方法：暂无色谱和质谱的化妆品检测标准方法。

检测器：DAD，MS（ESI 源）。

光谱图：

λ=388nm

质谱图（ESI⁺）：

可能的裂解途径：m/z 317＞77（定量离子对），m/z 317＞105。

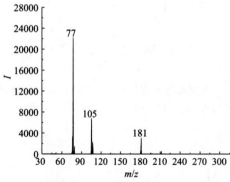

m/z 317

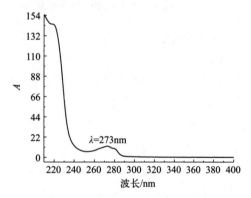

m/z 105 → m/z 77

11. 覆盆子酮葡萄糖苷

raspberry ketone glucoside

CAS 号：38963-94-9

结构式、分子式、分子量：

分子式：$C_{16}H_{22}O_7$
分子量：326.34

溶解性：本品可溶于乙醇、略溶于水[7]。

主要用途：其他。

检验方法：GB/T 35954。

检测器：DAD，MS（ESI 源）。

光谱图：

λ=273nm

质谱图（ESI⁺）：

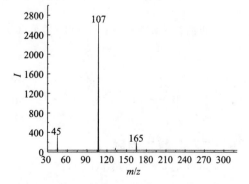

可能的裂解途径：m/z 327＞107（定量离

子对），m/z 327＞165。

m/z 327

m/z 165 → m/z 107

12. 荷叶碱

nuciferine

CAS 号：475-83-2。

结构式、分子式、分子量：

分子式：$C_{19}H_{21}NO_2$

分子量：295.38

溶解性：本品微溶于水、在不同极性溶液中的溶解度由小到大的排列顺序依次为：水＜石油醚＜正辛醇＜丙酮＜甲醇＜乙酸乙酯＜乙醇＜二氯甲烷[8]。

主要用途：其他。

检验方法：暂无色谱和质谱的化妆品检测标准方法。

检测器：DAD，MS（ESI 源）。

光谱图：

λ=270nm

波长/nm

质谱图（ESI$^+$）：

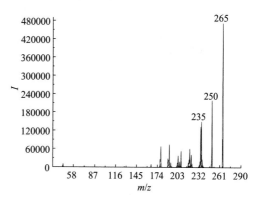

m/z

可能的裂解途径：m/z 296＞265（定量离子对），m/z 296＞250。

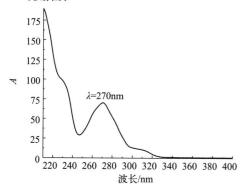

m/z 296

m/z 265 → m/z 250

13. 己唑醇

hexaconazole

CAS 号：79983-71-4。

结构式、分子式、分子量：

分子式：$C_{14}H_{17}Cl_2N_3O$

分子量：314.21

溶解性：本品水（mg/L，20℃）中溶解度为 17，其他溶剂溶解度（g/L，20℃）二甲苯 336，甲醇 246，丙酮 164，乙酸乙酯 120，甲苯 59，己烷 0.8[1]。

主要用途：其他。

检验方法：GB 23200.8，GB 23200.113，GB/T 20769，GB/T 20770。

检测器：DAD，ECD，MS（ESI 源，EI 源）。

光谱图：

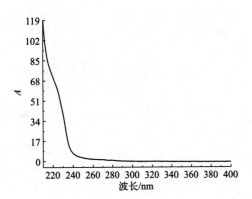

质谱图（ESI⁺）：

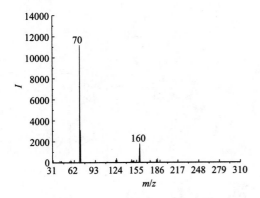

可能的裂解途径：m/z 315＞70（定量离子对），m/z 315＞160。

14. 甲基莲心碱

neferine

CAS 号：2292-16-2。

结构式、分子式、分子量：

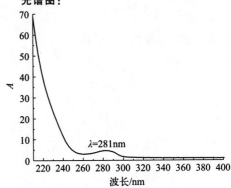

分子式：$C_{38}H_{44}N_2O_6$

分子量：624.77

溶解性：本品可溶于甲醇[9]。

主要用途：其他。

检验方法：暂无色谱和质谱的化妆品检测标准方法。

检测器：DAD，MS（ESI 源）。

光谱图：

$\lambda=281nm$

质谱图（ESI⁺）：

可能的裂解途径：m/z 625＞206（定量离子对），m/z 625＞489。

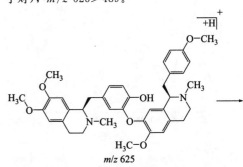

m/z 625

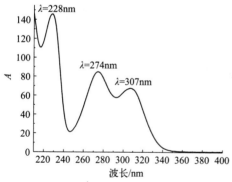

m/z 489

m/z 206

可能的裂解途径：*m/z* 167＞139（定量离子对），*m/z* 167＞124。

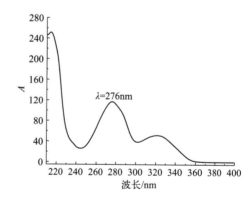

m/z 167 　　　*m/z* 139 　　　*m/z* 124

15. 甲基香兰素

veratraldehyde

CAS 号：120-14-9。

结构式、分子式、分子量：

分子式：C$_9$H$_{10}$O$_3$

分子量：166.17

溶解性：本品溶于甲醇、乙腈等有机试剂[10]。

主要用途：其他。

检验方法：暂无色谱和质谱的化妆品检测标准方法。

检测器：DAD，MS（ESI 源）。

光谱图：

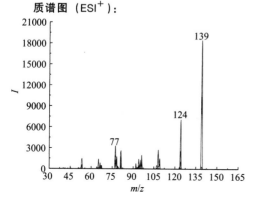

16. 6-甲基香豆素

6-methylcoumarin

CAS 号：92-48-8。

结构式、分子式、分子量：

分子式：C$_{10}$H$_8$O$_2$

分子量：160.17

溶解性：本品易溶于醇、醚、苯，微溶于石油醚[11]。

主要用途：其他。

检验方法：化妆品安全技术规范 2.6，SN/T 1783。

检测器：DAD，MS（ESI 源）。

光谱图：

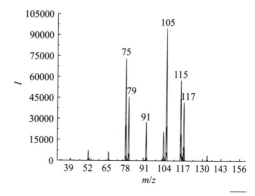

可能的裂解途径：m/z 161＞105（定量离子对），m/z 161＞75。

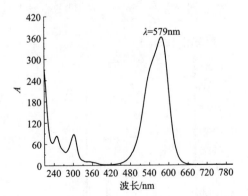

17. 碱性紫 1

basic violet 1

CAS 号：8004-87-3。

结构式、分子式、分子量：

分子式：$C_{24}H_{28}ClN_3$

分子量：393.95

溶解性：本品可溶于甲醇[12]。

主要用途：其他。

检验方法：GB/T 34806。

检测器：DAD，MS（ESI 源）。

光谱图：

$\lambda=579nm$

质谱图（ESI$^+$）：

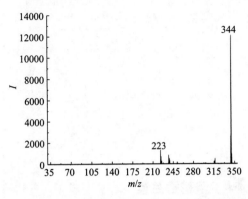

可能的裂解途径：m/z 358＞344（定量离子对），m/z 358＞223。

m/z 358

m/z 344

m/z 223

18. 碱性紫 3（结晶紫）

basic violet 3

CAS 号：548-62-9。

结构式、分子式、分子量：

分子式：$C_{25}H_{30}ClN_3$

分子量：407.98

溶解性：本品溶于水，乙醇和三氯甲烷，不溶于乙醚[13]。

主要用途：其他。

检验方法：化妆品安全技术规范 6.2，GB/T 34806，SN/T 4575。

检测器：DAD，MS（ESI 源）。

光谱图：

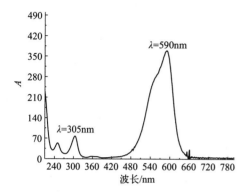

质谱图（ESI+）：

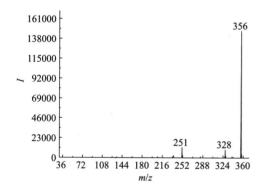

可能的裂解途径：m/z 372＞356（定量离子对），m/z 372＞251。

19. 碱性紫 10（罗丹明 B）

rhodamine B

CAS 号：81-88-9。

结构式、分子式、分子量：

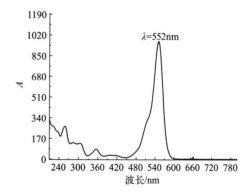

分子式：$C_{28}H_{31}ClN_2O_3$

分子量：479.01

溶解性：本品易溶于水、乙醇，微溶于丙酮、三氯甲烷、盐酸和氢氧化钠溶液[3]。

主要用途：其他。

检验方法：化妆品安全技术规范 6.2，GB/T 34806，GB/T 30927，GB/T 30927，SN/T 4575。

检测器：DAD，MS（ESI 源）。

光谱图：

质谱图（ESI+）：

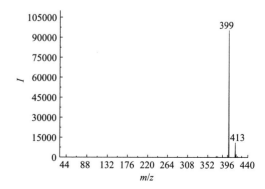

可能的裂解途径：m/z 443＞399（定量离子对），m/z 443＞413。

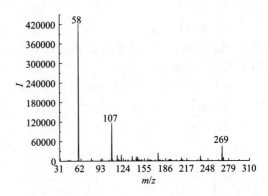

质谱图（ESI⁺）：

可能的裂解途径：m/z 314＞58（定量离子对），m/z 314＞107。

m/z 413

m/z 443

m/z 399

20. 莲心季铵碱

（-）-lotusine

CAS 号：6871-67-6。

结构式、分子式、分子量：

分子式：$C_{19}H_{24}NO_3$

分子量：314.40

溶解性：本品溶于水，在醇中易溶解[14]。

主要用途：其他。

检验方法：暂无色谱和质谱的化妆品检测标准方法。

检测器：DAD，MS（ESI 源）。

光谱图：

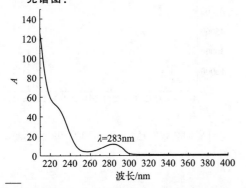

$\lambda=283\mathrm{nm}$

波长/nm

21. 莲心碱

liensinine

CAS 号：2586-96-1。

结构式、分子式、分子量：

分子式：$C_{37}H_{42}N_2O_6$

分子量：610.74

溶解性：本品不溶于水，易溶于盐酸及无水乙醇[15]。

主要用途：其他。

检验方法：暂无色谱和质谱的化妆品检测标准方法。

检测器：DAD，MS（ESI 源）。

光谱图：

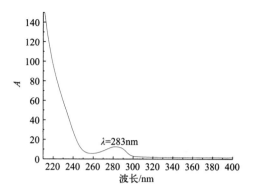

质谱图（ESI$^+$）：

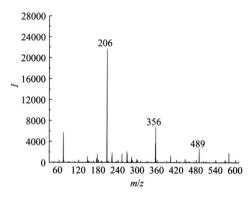

可能的裂解途径：m/z 611＞206（定量离子对），m/z 611＞356。

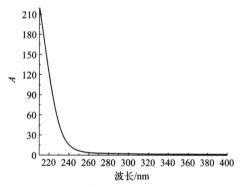

22. 卡托普利

captopril

CAS 号：62571-86-2。

结构式、分子式、分子量：

分子式：$C_9H_{15}NO_3S$

分子量：217.29

溶解性：本品在甲醇、乙醇或三氯甲烷中易溶，在水中溶解[16]。

主要用途：其他。

检验方法：暂无色谱和质谱的化妆品检测标准方法。

检测器：DAD，MS（ESI 源）。

光谱图：

质谱图（ESI$^+$）：

可能的裂解途径：m/z 218＞70（定量离子对），m/z 218＞116。

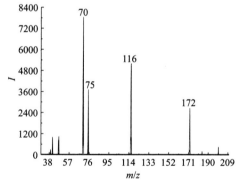

m/z 218　　　　m/z 116　　　　m/z 70

23. 邻苯二甲酸二苯酯

diphenyl phthalate

CAS 号：84-62-8。

结构式、分子式、分子量：

分子式：$C_{20}H_{14}O_4$
分子量：318.32

溶解性：本品溶于烃、酯、醚等有机溶剂，不溶于水[3]。

主要用途：其他。

检验方法：GB/T 28599。

检测器：DAD，FID，MS（ESI 源，EI 源）。

光谱图：

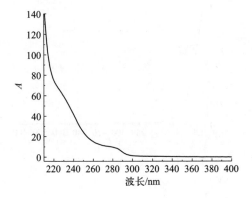

质谱图（ESI⁺）：

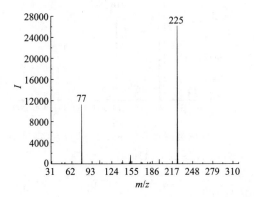

可能的裂解途径：m/z 319＞225（定量离子对），m/z 319＞77。

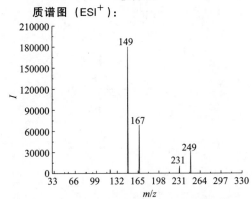

m/z 319

m/z 225

m/z 77

24. 邻苯二甲酸二环己酯

dicyclohexyl phthalate

CAS 号：84-61-7。

结构式、分子式、分子量：

分子式：$C_{20}H_{26}O_4$
分子量：330.42

溶解性：本品溶于烃、酯、醚等有机溶剂，不溶于水[11]。

主要用途：其他。

检验方法：化妆品安全技术规范 2.30，GB/T 28599。

检测器：DAD，FID，MS（ESI 源，EI 源）。

光谱图：

质谱图（ESI⁺）：

可能的裂解途径：$m/z\ 331>149$（定量离子对），$m/z\ 331>167$。

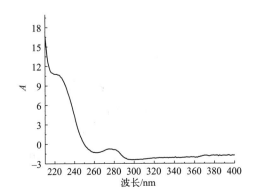

质谱图（ESI$^+$）：

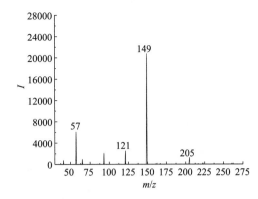

可能的裂解途径：$m/z\ 279>149$（定量离子对），$m/z\ 279>121$。

25. 邻苯二甲酸二异丁酯

diisobutyl phthalate

CAS 号：84-69-5。

结构式、分子式、分子量：

分子式：$C_{16}H_{22}O_4$
分子量：278.34

溶解性：本品可溶于正己烷和甲醇[17,18]。

主要用途：其他。

检验方法：GB/T 28599。

检测器：DAD，FID，MS（ESI 源，EI 源）。

光谱图：

26. 邻苯二甲酸二异辛酯

diisooctyl phthalate

CAS 号：27554-26-3。

结构式、分子式、分子量：

分子式：$C_{24}H_{38}O_4$
分子量：390.56

溶解性：不溶于水，溶于乙醇、乙醚等[13]。

主要用途：其他。

检验方法：GB/T 28599。

检测器：DAD，FID，MS（ESI 源，EI 源）。

光谱图：

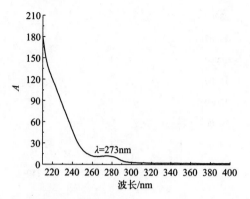

λ=273nm

波长/nm

质谱图（ESI⁺）：

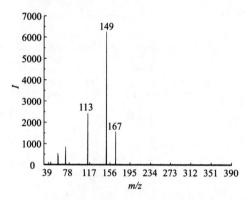

m/z

可能的裂解途径：$m/z\ 391 > 149$（定量离子对），$m/z\ 391 > 113$。

CAS 号： 605-54-9。

结构式、分子式、分子量：

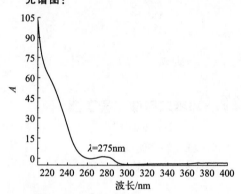

分子式：$C_{16}H_{22}O_6$
分子量：310.34

溶解性： 本品可溶于正己烷和甲醇[17,18]。
主要用途： 其他。
检验方法： GB/T 28599。
检测器： DAD，FID，MS（ESI 源，EI 源）。

光谱图：

λ=275nm

波长/nm

质谱图（ESI⁺）：

m/z

可能的裂解途径：$m/z\ 311 > 73$（定量离子对），$m/z\ 311 > 221$。

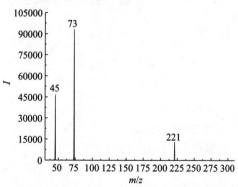

m/z 149   *m/z* 113

27. 邻苯二甲酸二（2-乙氧基乙基)酯

bis(2-ethoxyethyl)phthalate

m/z 311

m/z 221   *m/z* 73

28. 邻苯二甲酸二正丙酯

dipropyl phthalate

CAS 号：131-16-8。

结构式、分子式、分子量：

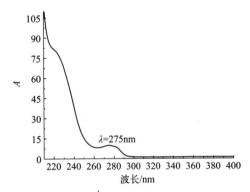

分子式：$C_{14}H_{18}O_4$

分子量：250.29

溶解性：本品溶于乙醇、乙醚，不溶于水[3]。

主要用途：其他。

检验方法：化妆品安全技术规范 2.30，GB/T 28599。

检测器：DAD，FID，MS（ESI 源，EI 源）。

光谱图：

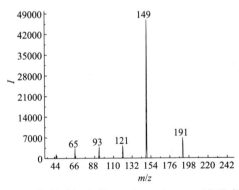

质谱图（ESI$^+$）：

可能的裂解途径：m/z 251＞149（定量离子对），m/z 251＞191。

29. 邻苯二甲酸二正己酯

dihexyl phthalate

CAS 号：84-75-3。

结构式、分子式、分子量：

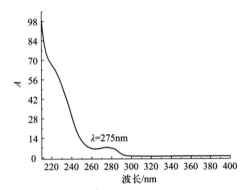

分子式：$C_{20}H_{30}O_4$

分子量：334.45

溶解性：本品溶于乙醇和乙醚，不溶于水[3]。

主要用途：其他。

检验方法：化妆品安全技术规范 2.30，GB/T 28599。

检测器：DAD，FID，MS（ESI 源，EI 源）。

光谱图：

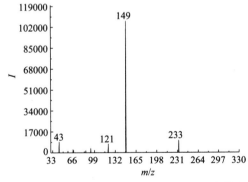

质谱图（ESI$^+$）：

可能的裂解途径：m/z 335＞149（定量离子对），m/z 335＞233。

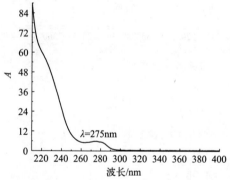

m/z 233 → *m/z* 149

30. 邻苯二甲酸二正辛酯

di-*n*-octylo-phthalate

CAS 号：117-84-0。

结构式、分子式、分子量：

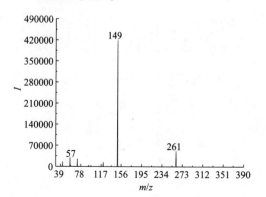

分子式：C$_{24}$H$_{38}$O$_4$
分子量：390.56

溶解性：本品易溶于（卤代、芳香）烃类、酯、醚等有机溶剂，不溶于水，微溶于甘油、乙二醇等低级醇[11]。

主要用途：其他。

检验方法：化妆品安全技术规范 2.30，GB/T 28599。

检测器：DAD，FID，MS（ESI 源，EI 源）。

光谱图：

λ=275nm

波长/nm

质谱图（ESI$^+$）：

m/z

可能的裂解途径：*m/z* 391＞149（定量离子对），*m/z* 391＞261。

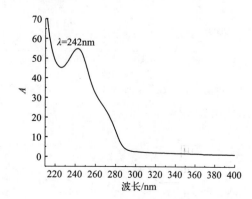

m/z 391

m/z 261 → *m/z* 149

31. 氯嘧磺隆

chlorimuron-ethyl

CAS 号：90982-32-4。

结构式、分子式、分子量：

分子式：C$_{15}$H$_{15}$ClN$_4$O$_6$S
分子量：414.82

溶解性：本品可溶于二甲基甲酰胺、二氧六环，微溶于丙酮、乙醇，难溶于苯等非极性溶剂，水中溶解度为 11mg/L（pH5）、1.2g/L（pH7）[19]。

主要用途：其他。

检验方法：暂无色谱和质谱的化妆品检测标准方法。

检测器：DAD，MS（ESI 源）。

光谱图：

λ=242nm

波长/nm

质谱图（ESI$^+$）：

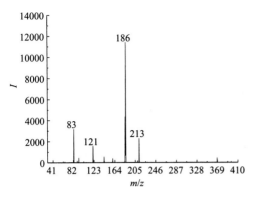

可能的裂解途径：m/z 415＞186（定量离子对），m/z 415＞213。

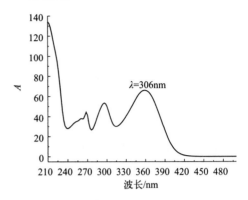

主要用途：其他。

检验方法：GB/T 35831。

检测器：DAD，MS（ESI 源）。

光谱图：

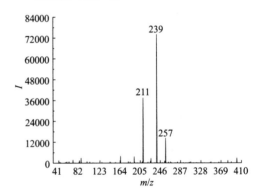

$\lambda=306nm$

质谱图（ESI$^+$）：

可能的裂解途径：m/z 419＞239（定量离子对），m/z 419＞211。

32. 芦荟苷

aloin

CAS 号：1415-73-2。

结构式、分子式、分子量：

分子式：$C_{21}H_{22}O_9$

分子量：418.39

本品 18℃时溶解度：吡啶 57%，冰乙酸 7.3%，甲醇 5.4%，丙酮 3.2%，乙酸甲酯 2.8%，乙醇 1.9%，水 1.8%，丙醇 1.6%，乙酸 0.78%，异丙醇 0.27%，极微溶于异丁醇、氯仿、二硫化碳和乙醚[3]。

m/z 419

m/z 239

m/z 211

33. 绿脓菌素

pyocyanin

CAS 号：85-66-5。

结构式、分子式、分子量：

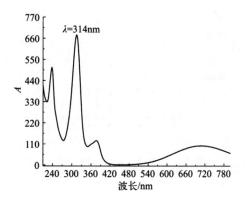

分子式：$C_{14}H_{14}O_2$
分子量：210.27

溶解性：本品可溶于二氯甲烷和甲醇。

主要用途：其他。

检验方法：暂无色谱和质谱的化妆品检测标准方法。

检测器：DAD，MS（ESI 源）。

光谱图：

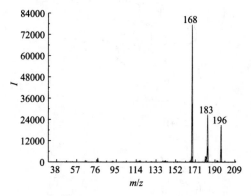

质谱图（ESI⁺）：

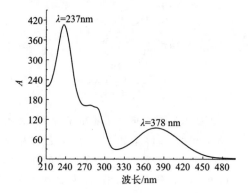

可能的裂解途径：m/z 211＞168（定量离子对），m/z 211＞183。

34. 棉酚

gossypol

CAS 号：303-45-7。

结构式、分子式、分子量：

分子式：$C_{30}H_{30}O_8$
分子量：518.55

溶解性：本品易溶（并缓慢分解）于稀氨水和碳酸钠溶液，溶于甲醇、乙醇、乙醚、三氯甲烷和二甲基甲酰胺，极微溶于石油醚，不溶于水[3]。

主要用途：其他。

检验方法：暂无色谱和质谱的化妆品检测标准方法。

检测器：DAD，MS（ESI 源）。

色谱图：

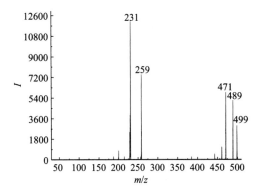

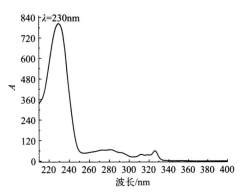

光谱图：

可能的裂解途径：m/z 517＞231（定量离子对），m/z 517＞259。

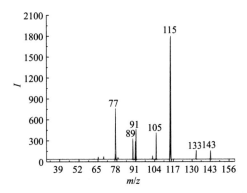

质谱图（ESI⁺）：

可能的裂解途径：m/z 161＞115（定量离子对），m/z 161＞77。

35. 2,3-萘二酚

2,3-naphthalenediol

CAS 号：92-44-4。

结构式、分子式、分子量：

分子式：$C_{10}H_8O_2$

分子量：160.17

溶解性：本品易溶于水、乙醇和乙醚[3]。

主要用途：其他。

检验方法：GB/T 35829。

检测器：DAD，MS（ESI 源）。

36. 7-羟基香豆素

7-hydroxycoumarin

CAS 号：93-35-6。

结构式、分子式、分子量：

分子式：$C_9H_6O_3$

分子量：162.14

溶解性：本品在甲醇、乙醇或丙醇中略溶，在水中不溶，在氢氧化钠溶液中易溶[16]。

主要用途：其他。

检验方法：暂无色谱和质谱的化妆品检测标准方法。

检测器：DAD，MS（ESI 源）。

光谱图：

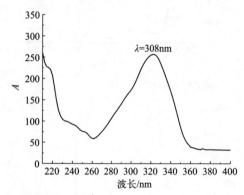

质谱图（ESI+）：

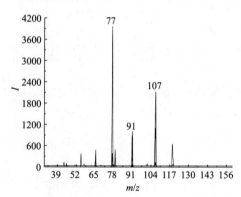

可能的裂解途径：m/z 163＞77（定量离子对），m/z 163＞107。

37. 4-羟基苯甲酸苯酯

phenylparaben

CAS 号：17696-62-7。

结构式、分子式、分子量：

分子式：$C_{13}H_{10}O_3$
分子量：214.22

溶解性：本品可溶于甲醇[20]。

主要用途：其他。

检验方法：化妆品安全技术规范 4.1，GB/T 35948。

检测器：DAD，FID，MS（ESI 源，EI 源）。

光谱图：

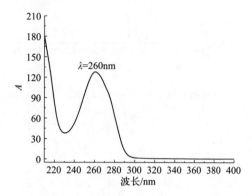

质谱图（ESI−）：

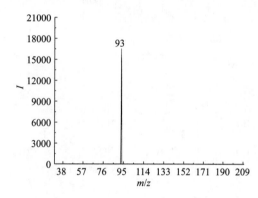

可能的裂解途径：m/z 213＞93（定量离子对）。

38. 4-羟基苯甲酸苄酯

benzylparaben

CAS 号：94-18-8。

结构式、分子式、分子量：

分子式：$C_{14}H_{12}O_3$
分子量：228.24

溶解性：本品易溶于乙醇，溶于乙醚，不溶于水[3]。

主要用途：其他。

检验方法：化妆品安全技术规范 4.1，GB/T 35948。

检测器：DAD，FID，MS（ESI 源，EI 源）。

光谱图：

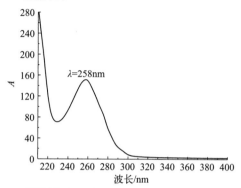

质谱图（ESI⁻）：

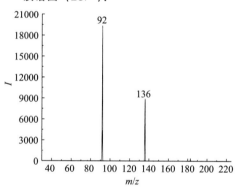

可能的裂解途径：*m/z* 227＞92（定量离子对），*m/z* 227＞136。

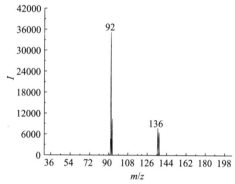

HO——C(=O)——O——CH₂——C₆H₅　*m/z* 227　→　*m/z* 136　→　*m/z* 92

39. 4-羟基苯甲酸戊酯

pentylparaben

CAS 号：6521-29-5。

结构式、分子式、分子量：

HO——C₆H₄——C(=O)——O——CH₂CH₂CH₂CH₂——CH₃

分子式：$C_{12}H_{16}O_3$
分子量：208.25

溶解性：本品可溶于甲醇[20]。

主要用途：其他。

检验方法：化妆品安全技术规范 4.1，GB/T 35948。

检测器：DAD，FID，MS（ESI 源，EI 源）。

光谱图：

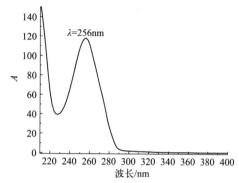

质谱图（ESI⁻）：

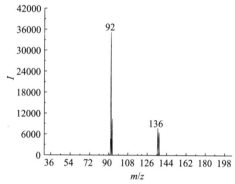

可能的裂解途径：*m/z* 207＞92（定量离子对），*m/z* 207＞136。

HO——C₆H₄——C(=O)——O——CH₂CH₂CH₂CH₂——CH₃　*m/z* 207　→　*m/z* 136　→　*m/z* 92

40. 4-羟基苯甲酸异丙酯

isopropylparaben

CAS 号：4191-73-5。

结构式、分子式、分子量：

HO——C₆H₄——C(=O)——O——CH(CH₃)₂

分子式：$C_{10}H_{12}O_3$
分子量：180.20

溶解性：本品可溶于甲醇[20]。

主要用途：其他。

检验方法：化妆品安全技术规范 4.1，GB/T 35948。

检测器：DAD，FID，MS（ESI 源，EI 源）。

光谱图：

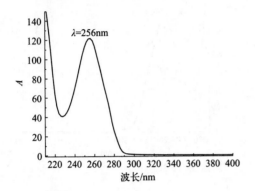

质谱图（ESI⁻）：

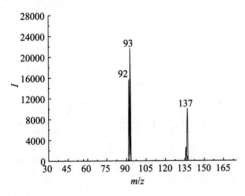

可能的裂解途径：m/z 179＞93（定量离子对），m/z 179＞137。

41. 4-羟基苯甲酸异丁酯

isobutylparaben

CAS 号：4247-02-3。

结构式、分子式、分子量：

分子式：$C_{11}H_{14}O_3$
分子量：194.23

溶解性：本品可溶于甲醇[20]。

主要用途：其他。

检验方法：化妆品安全技术规范 4.1，GB/T 35948。

检测器：DAD，FID，MS（ESI 源，EI 源）。

光谱图：

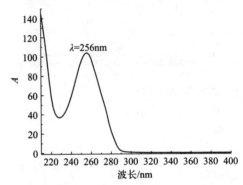

质谱图（ESI⁻）：

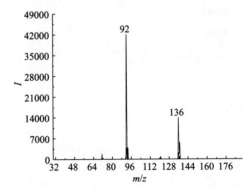

可能的裂解途径：m/z 193＞92（定量离子对），m/z 193＞136。

42. 羟甲香豆素

hymecromone

CAS 号：90-33-5。

结构式、分子式、分子量：

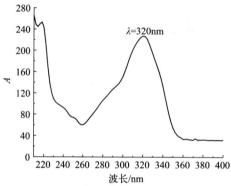

分子式：C₁₀H₈O₃

分子量：176.17

溶解性：本品在甲醇、乙醇或丙醇中略溶，在水中不溶，在氢氧化钠溶液中易溶[16]。

主要用途：其他。

检验方法：暂无色谱和质谱的化妆品检测标准方法。

检测器：DAD，MS（ESI 源）。

光谱图：

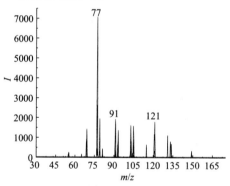

质谱图（ESI⁺）：

可能的裂解途径：m/z 177＞77（定量离子对），m/z 177＞121。

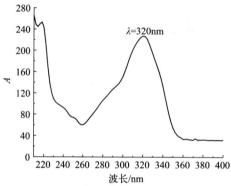

结构式、分子式、分子量：

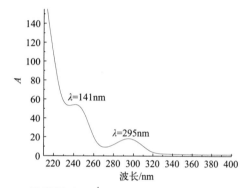

分子式：C₉H₁₃NO₂

分子量：167.21

溶解性：本品可溶于甲醇[21]。

主要用途：其他。

检验方法：GB/T 35824。

检测器：DAD，MS（ESI 源）。

光谱图：

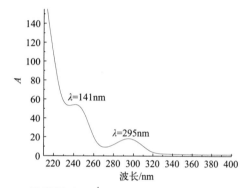

质谱图（ESI⁺）：

可能的裂解途径：m/z 168＞150（定量离子对），m/z 168＞135。

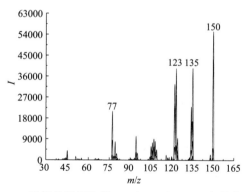

43. 5-[（2-羟乙基）-氨基]邻甲苯酚

5-[（2-hydroxyethyl）amino]-*o*-cresol

CAS 号：55302-96-0。

245

44. 去甲乌药碱

demethyl-coclaurine

CAS 号：5843-65-2。

结构式、分子式、分子量：

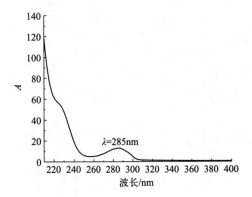

分子式：$C_{16}H_{17}NO_3$
分子量：271.31

溶解性：本品溶于甲醇和水[22]。

主要用途：其他。

检验方法：暂无色谱和质谱的化妆品检测标准方法。

检测器：DAD，MS（ESI 源）。

光谱图：

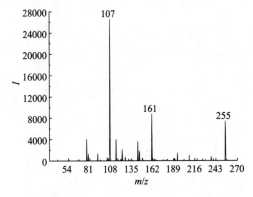

$\lambda=285\text{nm}$

质谱图（ESI$^+$）：

可能的裂解途径：m/z 272＞107（定量离子对），m/z 272＞161。

45. 溶剂红 49

solvent red 49

CAS 号：509-34-2。

结构式、分子式、分子量：

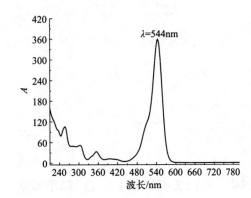

分子式：$C_{28}H_{30}N_2O_3$
分子量：442.55

溶解性：本品可溶于甲醇[23]。

主要用途：其他。

检验方法：GB/T 34806。

检测器：DAD，MS（ESI 源）。

光谱图：

$\lambda=544\text{nm}$

质谱图（ESI⁺）：

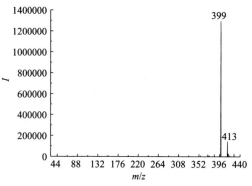

可能的裂解途径：m/z 443＞399（定量离子对），m/z 443＞413。

m/z 413

$\overline{+H}|^+$

m/z 443

$\overline{+H}|^+$

m/z 399

46. 溶剂蓝 35

solvent blue 35

CAS 号：17354-14-2。

结构式、分子式、分子量：

分子式：$C_{22}H_{26}N_2O_2$
分子量：350.45

溶解性： 本品可溶于甲醇[23]。

主要用途： 其他。

检验方法： GB/T 34806，SN/T 4575。

检测器： DAD，MS（ESI 源）。

光谱图：

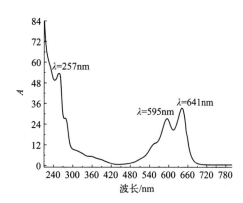

质谱图（ESI⁺）：

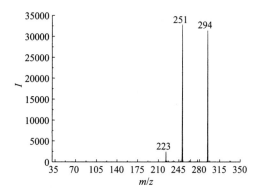

可能的裂解途径：m/z 351＞251（定量离子对），m/z 351＞294。

$\overline{+H}|^+$

m/z 351

m/z 294

$\overline{+H}|^+$

m/z 251

47. 1, 1, 1-三氯乙烷

1,1,1-trichloroethane

CAS 号：71-55-6。

结构式、分子式、分子量：

Cl—C—Cl
|
Cl

分子式：C$_2$H$_3$Cl$_3$

分子量：133.40

溶解性：本品溶于丙酮、苯、四氯化碳、甲醇和乙醚，不溶于水[3]。

主要用途：其他。

检验方法：GB/T 35953。

检测器：FID，ECD，MS（EI 源）。

48. 水杨苷

D-(-)-salicin

CAS 号：138-52-3。

结构式、分子式、分子量：

分子式：C$_{13}$H$_{18}$O$_7$

分子量：286.28

溶解性：1g 本品可溶于 23mL 水，3mL 沸水，90mL 乙醇，溶于碱溶液和冰醋酸，不溶于乙醚、氯仿[24]。

主要用途：其他

检验方法：暂无色谱和质谱的化妆品检测标准方法。

检测器：DAD，MS（ESI 源）。

光谱图：

$\lambda=268nm$

质谱图（ESI$^+$）：

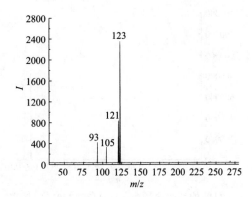

可能的裂解途径：m/z 285＞123（定量离子对），m/z 285＞121。

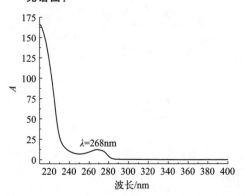

49. 酸性橙 3

acid orange 3

CAS 号：6373-74-6。

结构式、分子式、分子量：

分子式：C$_{18}$H$_{13}$N$_4$NaO$_7$S

分子量：452.37

溶解性：本品可溶于甲醇[25]。

主要用途：其他。

检验方法：化妆品安全技术规范 6.1。

检测器：DAD，MS（ESI 源）。

光谱图：

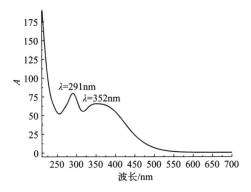

质谱图（ESI⁻）：

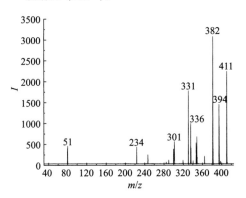

可能的裂解途径：m/z 429＞382（定量离子对），m/z 429＞411。

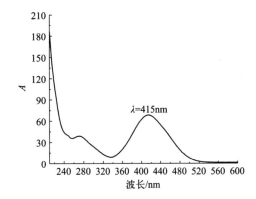

50. 酸性黄 36

acid yellow 36

CAS 号：587-98-4。

结构式、分子式、分子量：

分子式：$C_{18}H_{14}N_3O_3SNa$

分子量：375.38

溶解性：本品溶于水和醇，中度溶于苯和醚，微溶于丙酮[26]。

主要用途：其他。

检验方法：化妆品安全技术规范 2.11，GB/T 34806，GB/T 30927，SN/T 4575。

检测器：DAD，MS（ESI 源）。

光谱图：

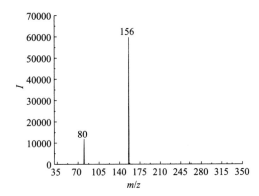

质谱图（ESI⁻）：

可能的裂解途径：m/z 352＞156（定量离子对），m/z 352＞80。

质谱图（ESI⁻）：

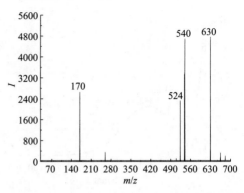

m/z 352

m/z 156　　m/z 80

51. 酸性紫 49

acid violet 49

CAS 号：1694-09-3。

结构式、分子式、分子量：

可能的裂解途径：m/z 710＞630（定量离子对），m/z 710＞540。

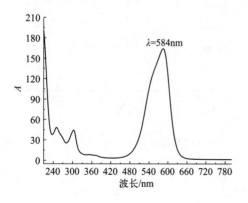

分子式：$C_{39}H_{40}N_3NaO_6S_2$

分子量：733.87

溶解性： 本品可溶于甲醇[10]。

主要用途： 其他。

检验方法： GB/T 34806，SN/T 4575。

检测器： DAD，MS（ESI 源）。

光谱图：

λ=584nm

m/z 630

m/z 710

m/z 540

52. 颜料红 53：1

pigment red 53：1

CAS 号：5160-02-1。

结构式、分子式、分子量：

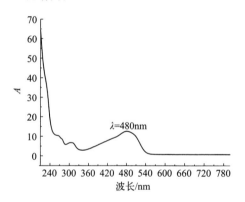

分子式：$C_{34}H_{24}BaCl_2N_4O_8S_2$

分子量：888.94

溶解性：本品在甲醇、乙腈、四氢呋喃等溶剂中溶解性较差，可采用 N,N-二甲基甲酰胺溶解[27]。

主要用途：其他。

检验方法：化妆品安全技术规范 2.11，GB/T 34806，GB/T 30927，SN/T 4575。

检测器：DAD，MS（ESI 源，EI 源）。

光谱图：

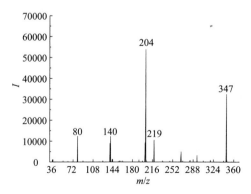

质谱图（ESI⁻）：

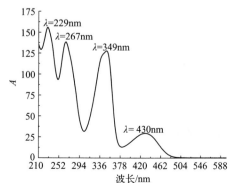

可能的裂解途径：m/z 375＞347（定量离子对），m/z 375＞204。

53. 盐酸小檗碱

berberine hydrochloride

CAS 号：633-65-8。

结构式、分子式、分子量：

分子式：$C_{20}H_{18}ClNO_4$

分子量：371.81

溶解性：本品在热水中溶解，在水或乙醇中微溶，在乙醚中不溶[16]。

主要用途：其他。

检验方法：暂无色谱和质谱的化妆品检验标准方法。

检测器：DAD，MS（ESI 源）。

光谱图：

质谱图（ESI⁺）：

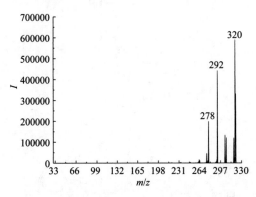

可能的裂解途径：m/z 336＞320（定量离子对），m/z 336＞292。

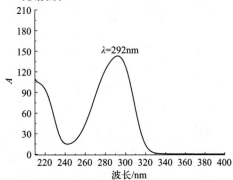

m/z 336

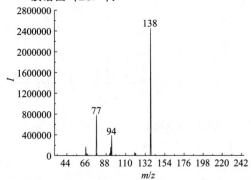

m/z 320 m/z 292

54. 乙苯

ethylbenzene

CAS 号：100-41-4。

结构式、分子式、分子量：

分子式：C_8H_{10}
分子量：106.17

溶解性：本品难溶于水，溶于乙醇、乙醚、乙酸、苯及四氯化碳等[13]。

主要用途：其他。

检验方法：化妆品安全技术规范 2.32。

检测器：FID，MS（EI 源）。

55. 异丙苯

cumene

CAS 号：98-82-8。

结构式、分子式、分子量：

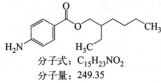

分子式：C_9H_{12}
分子量：120.19

溶解性：本品不溶于水，溶于乙醇、乙醚、苯及四氯化碳[12]。

主要用途：其他。

检验方法：化妆品安全技术规范 2.32。

检测器：FID，MS（EI 源）。

56. PABA 乙基己酯

p-Aminobenzoesure-2-ethylhexylester

CAS 号：26218-04-2。

结构式、分子式、分子量：

分子式：$C_{15}H_{23}NO_2$
分子量：249.35

溶解性：本品可溶于四氢呋喃[28]。

主要用途：其他。

检验方法：化妆品安全技术规范 5.1，GB/T 35916，SN/T 4578。

检测器：DAD，MS（ESI 源，EI 源）。

光谱图：

λ=292nm

质谱图（ESI⁺）：

可能的裂解途径：m/z 250＞138（定量离子对），m/z 250＞77。

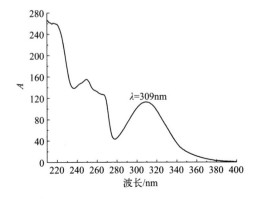

质谱图（ESI$^+$）：

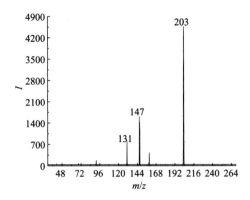

可能的裂解途径：m/z 271＞203（定量离子对），m/z 271＞147。

57. 异欧前胡素

isoimperatorin

CAS 号：482-45-1。

结构式、分子式、分子量：

分子式：$C_{16}H_{14}O_4$
分子量：270.28

溶解性：本品可溶于乙腈和甲醇[29,30]。

主要用途：其他。

检验方法：GB/T 30935，SN/T 3609。

检测器：DAD，MS（ESI 源）。

光谱图：

$\lambda = 309\text{nm}$

波长/nm

58. 异维甲酸

isotretinoin

CAS 号：4759-48-2。

结构式、分子式、分子量：

分子式：$C_{20}H_{28}O_2$
分子量：300.44

溶解性：本品在三氯甲烷或乙醚中溶解，在乙醇或异丙醇中微溶，在水中几乎不溶[16]。

主要用途：其他。

检验方法：化妆品安全技术规范 2.28，GB/T 30940。

检测器：DAD，MS（ESI 源）。

光谱图：

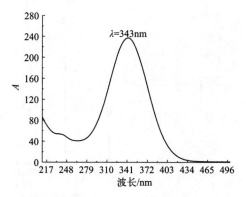

质谱图（ESI⁻）：

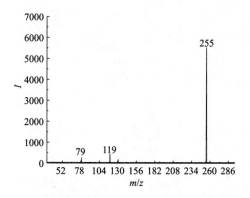

可能的裂解途径：m/z 299＞255（定量离子对），m/z 299＞119。

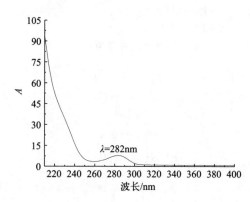

59. 异莲心碱

isoliensinine

CAS 号：6817-41-0。

结构式、分子式、分子量：

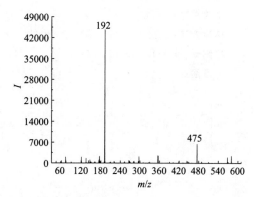

分子式：$C_{37}H_{42}N_2O_6$

分子量：610.74

溶解性：本品可溶于甲醇[31]。

主要用途：其他。

检验方法：暂无色谱和质谱的化妆品检测标准方法。

检测器：DAD，MS（ESI 源）。

光谱图：

质谱图（ESI⁺）：

可能的裂解途径：m/z 611＞192（定量离子对），m/z 611＞475。

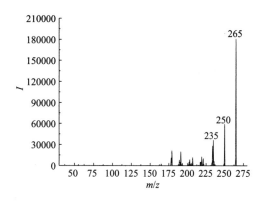

m/z 611

m/z 475

m/z 192

质谱图（ESI$^+$）：

可能的裂解途径：m/z 282＞265（定量离子对），m/z 282＞250。

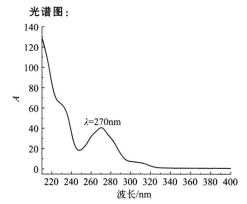

m/z 282

m/z 265　　m/z 250

60. 原荷叶碱

N-nornuciferine

CAS 号：4846-19-9。

结构式、分子式、分子量：

分子式：C$_{18}$H$_{19}$NO$_2$

分子量：281.35

溶解性：本品可溶于甲醇[32]。

主要用途：其他。

检验方法：暂无色谱和质谱的化妆品检测标准方法。

检测器：DAD，MS（ESI 源）。

光谱图：

λ=270nm

波长/nm

61. 甲基香兰素等 16 种化合物

多反应监测图：

色谱柱：Zorbax SB-C$_{18}$（2.1mm×50mm，1.8μm）；**柱温**：35℃；**进样体积**：2μL；**流速**：0.3mL/min；**流动相**：A 为 0.2％甲酸水溶液（含 5mmol/L 乙酸铵），B 为乙腈。

梯度洗脱程序

时间/min	0	1	3	10	12	12.1
A/%	90	90	60	10	10	90
B/%	10	10	40	90	90	10

离子源：电喷雾离子源（ESI 源），正离子扫描；**检测方式**：多反应监测（MRM）；**毛细管电压**：4500V；**雾化器压力**：55psi；**干燥气温度**：500℃；**干燥气流速**：9L/h；**碰撞气**：高纯氮气；化合物定量和定性离子质谱参数略。

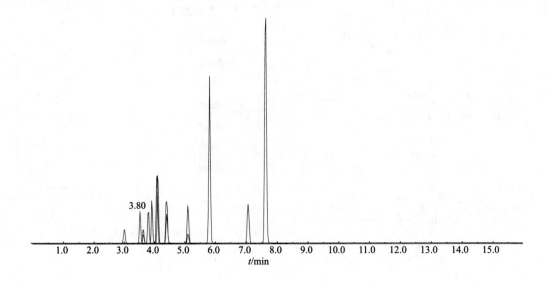

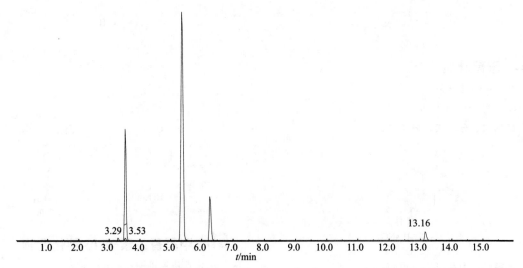

1. 二氢香豆素；2. 羟甲基香豆素；3. 醋硝香豆素；4. 双香豆素；5. 香兰素；6. 乙基香兰素；7. 甲基香兰素；8. 香豆素；

9. 八氢香豆素；10. 7-甲氧基香豆素；11. 6-甲基香豆素；12. 7-甲基香豆素；13. 7-乙氧基-4-甲基香豆素；

14. 苯丙香豆素；15. 环香豆素；16. 3,3-羰基双（7-二乙胺香豆素）

62. 7种生物碱

总离子流图：

色谱柱：Welch AQ-C_{18}（250mm × 4.6mm；5μm）；柱温：30℃；检测器波长：282nm；进样量：10μL；流速：1.0mL/min；流动相：A 为 0.1%甲酸溶液，B 为甲醇。

梯度洗脱程序

时间/min	0	13	14	20	20.1
A/%	100	65	80	80	100
B/%	0	35	20	20	0

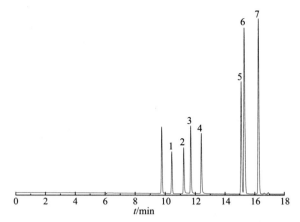

1. 莲心季铵碱；2. 莲心碱；3. 异莲心碱；4. 甲基莲心碱；

5. 荷叶碱；6. 原荷叶碱；7. 盐酸小檗碱

参考文献

[1] 刘长令.世界农药大全(杀菌剂卷)[M].北京:化学工业出版社,2006.

[2] 刘川,钟菲菲,汪辉,等.基于高效液相色谱法测定饮料中新食品原料吡咯喹啉醌二钠的含量及质谱确证[J].食品科技,2022,47(9):277-282

[3] 李云章.试剂手册[M].第3版.上海:上海科学技术出版社,2002.

[4] 曲宝成,边海涛,毛希琴,等.高效液相色谱法测定化妆品中11种二苯酮类紫外线吸收剂[J].色谱,2015,33(12):1327-1332.

[5] 万凤琳,周红,郭富友,等.滨蒿内酯的生物活性研究进展[J].植物医生,2020,33(03):12-17.

[6] 钟丽琪,曹进,钱和,等.高效液相色谱法测定食品中可能掺杂的16种工业染料[J].食品科学,2021,42(22):305-310.

[7] 王建新.化妆品天然成分原料介绍(Ⅸ)[J].日用化学品科学,2019,42(04):43-47.

[8] 陈畅,谢永艳,黄丽萍.荷叶碱药理作用的研究进展[J].南京中医药大学学报,2021,37(04):619-624.

[9] 郭鹏,齐莉,安茜,等.HPLC法测定莲子心提取物中莲心碱、异莲心碱和甲基莲心碱的含量[J].武警后勤学院学报(医学版),2021,30(02):20-23.

[10] 陈静,段国霞,刘丽君,等.高效液相色谱法快速测定乳与乳制品中4种香兰素类化合物[J].乳业科学与技术,2020,43(1):19-24.

[11] 周公度.化学辞典[M].北京:化学工业出版社;2004.

[12] GB/T 34806—2017 化妆品中13种禁用着色剂的测定 高效液相色谱法.

[13] 王箴.化工词典[M].第四版.北京:化学工业出版社,2000.

[14] 商晶,涂霞,潘扬.反相HPLC法测定莲子心中莲心季铵碱的含量[J].南京中医药大学学报,2009,25(06):454-456+488.

[15] 许磊,姚崇舜,陈济民.莲心碱的研究概况[J].中草药,2000,12:956.

[16] 国家药典委员会.中华人民共和国药典(二部)[M].北京:中国医药科技出版社,2020.

[17] GB/T 28599—2020 化妆品中邻苯二甲酸酯类物质的测定.

[18] DB13/T 1495—2012 化妆品中20种邻苯二甲酸酯物质含量的测定.

[19] 汪辉,陈波.食品色谱和质谱分析手册[M].北京:化学工业出版社,2020.

[20] GB/T 35948—2018 化妆品中7种4-羟基苯甲酸酯的测定 高效液相色谱法.

[21] 陈梦,胡磊,许立,等.高效液相色谱-质谱法同时测定染发剂中33种禁限用染料[J].日用化学工业,2016,46(06):359-364.

[22] 邹伟魁,严倩茹,宋伟.中药中运动员禁用β₂激动剂去甲乌药碱的检测及阳性风险防控策略[J].中国现代应用药学,

2023,40(1):133-138.

[23] GB/T 34806—2017 化妆品中 13 种禁用着色剂的测定 高效液相色谱法.

[24] 孔俊豪,汪一飞,杨秀芳,等.醇碱法提取胡杨叶水杨苷的工艺研究[J].食品科技,2012,37(11):205-209.

[25] 王红梅,许丹蓉.HPLC 法同时测定化妆品中 24 种准用着色剂[J].山东化工,2022,51:137-144.

[26] 房艳,高俊海,张雅莉,等.高效液相色谱法测定果汁、果酱中的皂黄[J].食品安全质量检测学报;2019,10(02):527-532.

[27] 陈丹丹,茹歌,郑荣,等.化妆品中合成着色剂分析方法研究进展[J].化学试剂,2018,40(07):643-646+657.

[28] GB/T 35916—2018 化妆品中 16 种准用防晒剂和其他 8 种紫外线吸收物质的测定 高效液相色谱法.

[29] GB/T 30935—2014 化妆品中 8-甲氧基补骨脂素等 8 种禁用呋喃香豆素的测定 高效液相色谱法.

[30] SN/T 3609—2013 进出口化妆品中欧前胡素和异欧前胡素的测定 液相色谱-质谱/质谱法.

[31] 郭鹏,齐莉,安茜,等.HPLC 法测定莲子心提取物中莲心碱;异莲心碱和甲基莲心碱的含量[J].武警后勤学院学报(医学版),2021,30(02):20-23.

[32] 吴昊,刘斌,王伟,等.HPLC 法测定不同市售荷叶药材中 4 种生物碱类成分的含量[J].北京中医药大学学报,2008,31(7):478-481.